DK 666.951.2 (048)

FORSCHUNGSBERICHTE DES LANDES NORDRHEIN-WESTFALEN

Herausgegeben durch das Kultusministerium

Nr. 948

Prof. Dr. habil. Hans-Ernst Schwiete
Dipl.-Ing. Udo Ludwig

Institut für Gesteinshüttenkunde der Technischen Hochschule Aachen

Der Tuff, seine Entstehung und Konstitution und seine Verwendung im Baugewerbe im Spiegel der Literatur

Als Manuskript gedruckt

SPRINGER FACHMEDIEN WIESBADEN GMBH
1961

ISBN 978-3-663-19973-1   ISBN 978-3-663-20321-6 (eBook)
DOI 10.1007/978-3-663-20321-6

Gliederung

1. Einleitung .... S. 5
2. Entstehung der Tuffe und ihre Konstitution .... S. 7
   - 2.1 Entstehung der Tuffe .... S. 7
     - 2.11 Geologisches Entstehungsalter der Tuffe .... S. 9
     - 2.12 Petrographie der Tuffe S.10
     - 2.13 Mineralogische Zusammensetzung der Tuffe S.12
     - 2.14 Chemische Zusammensetzung der Tuffe S.14
   - 2.2 Ursachen der hydraulischen Erhärtung der Trasse S.16
   - 2.3 Bedeutung des Hydratwassers im Traß S.19
   - 2.4 Mörteltechnisches Verhalten von Traßzement- und Traßkalkmischungen S.21
     - 2.41 Festigkeitsuntersuchungen an Traßzementen und Traßkalken S.21
     - 2.42 Abhängigkeit der Festigkeit vom Wasserzementfaktor .. S.31
     - 2.43 Verarbeitbarkeit und Wasserrückhaltevermögen S.34
   - 2.5 Einfluss des Trasses auf die Aggressivbeständigkeit von Mörtel und Beton S.37
   - 2.6 Einfluss des Trasses auf die Hydrationswärme von Normenzementen S.45
   - 2.7 Bindung des freien Kalkes durch den Traß S.47
   - 2.8 Bei den Traß-Kalkreaktionen entstehende mögliche Neubildungen S.52
     - 2.81 Das System $CaO - SiO_2 - H_2O$ S.53
     - 2.82 Das System $CaO - Al_2O_3 - H_2O$ S.55
     - 2.83 Das System $CaO - Fe_2O_3 - H_2O$ S.57
     - 2.84 Die komplexen Kalziumaluminatsulfathydrate S.58
     - 2.85 Quaternäre Hydrate S.58
3. Zusammenfassung S.60
   - Literaturverzeichnis S.62

1. Einleitung[*]

Die Möglichkeit, den Tuff, auch vielfach in Deutschland Traß genannt, in Verbindung mit Kalkhydrat als hydraulisches Bindemittel in der Bautechnik anzuwenden, machten sich schon die Römer und vor diesen die Etrusker zunutze. Sie kannten aber nicht nur die natürlich vorkommenden Puzzolanen (von Pozzuoli, Ort bei Neapel), sondern in gleicher Weise verwendeten sie Mischungen aus gebranntem Ton und Kalk bzw. Mergel als hydraulisches Bindemittel.

Die Kenntnisse der Römer über die Puzzolanen wurden uns von VITRUV [1], PLINIUS [2] und COLUMELLA [3] überliefert. Die Wasserleitung von Sötenich nach Köln, die unter TRAJAN und HADRIAN gebaut wurde, ist sowohl ein Beispiel der Baukunst der Römer als auch ein Beispiel für den hohen Stand der Bautechnik, hydraulische Bindemittel und haltbare Mörtel und Betone herzustellen und zu verarbeiten.

Erst durch die Erfindung des künstlichen Portlandzementes in der Mitte des vorigen Jahrhunderts wurde ein Bindemittel geschaffen, das den bestehenden weit überlegen war. Da der Portlandzement jedoch nicht allen Anforderungen der Technik zu genügen schien, wurden insbesondere zur Verbesserung der Aggressivbeständigkeit von Betonbauten Mischzemente entwickelt, bei denen ein Teil des Portlandzementes durch natürliche (vulkanische Tuffe oder kieselsaure Sedimente) oder künstliche Puzzolanen ersetzt wurde. Unter letzteren versteht man aktivierte Tone, Schiefertone oder industrielle Nebenprodukte wie z.B. Hochofenschlacke. Dieser Entwicklung lag der Gedanke zugrunde, den bei der Hydrolyse und Hydratation des Portlandzementes freiwerdenden Kalk durch hydraulische Zusätze zu binden. In besonderem Maß wurde diese Ansicht von MICHAELIS [4] vertreten, der 1882 schrieb: "Geeignete Puzzolane erhöhen die zementierende Kraft eines Zementes".

Nach PENTA [5] werden als hydraulische bzw. aktive Puzzolane solche natürlichen silikatischen Materialien bezeichnet, die mit Kalk gemischt als hydraulische Mörtel wirken können.

Diese so gekennzeichneten Puzzolane sind meistens vulkanischen Ursprungs, d.h. es handelt sich häufig um Laven mit Bimsstein- oder Schlackenstruktur. Das sind glasig erstarrte und bei dem Abkühlungsvorgang z.T. zerspratzte, bimssteinartige, nachträglich verfestigte Gesteine.

---

[*] Die vorliegende Arbeit entstand unter Mitverwendung der Diplomarbeit WIGGER, Aachen 1959, Institut für Gesteinshüttenkunde der TH Aachen.

Doch bekannt ist auch die amerikanische Einteilung nach MIELENZ, WITTE und GLANTZ [6], die die folgenden Puzzolangruppen unterscheiden:

1. Vulkanische Tuffe,
2. kieselsaure Sedimente,
3. aktivierte Tone und Schiefertone,
4. industrielle Nebenprodukte.

Zu der ersten Gruppe gehören die vulkanischen Gläser (Rhyolit-, Obsidian-, Perlit-, Dacit-, Trachyt- und Andesitgläser), deren Reaktionsfähigkeit weitgehend von der Alterung abhängig ist. - In der zweiten Gruppe ist der Opal neben den tonigen Beimengungen das Hauptmaterial. Diese Beimengungen werden für die Reaktionsfähigkeit weitgehend und hauptsächlich verantwortlich gemacht. In der dritten Gruppe haben wir es vornehmlich mit den Tonen zu tun. Am bekanntesten sind die folgenden drei Tonmineralgruppen:

1. Kaolingruppe,
2. Montmoringruppe und
3. Hydroglimmer.

Diese Tonkomponenten werden durch Glühen bei geeigneten Temperaturen in einen aktiven Zustand überführt.

Zu der vierten Gruppe gehören hauptsächlich die Hochofenschlacken und die Flugaschen.

Die Bedeutung des Trasses in der deutschen Bauwirtschaft findet ihren Niederschlag in der Entwicklung der Traßnorm DIN DVM 1044 vom März 1934. In dieser Vornorm, die im November 1947 die Nummer 51043 erhielt, wird der Begriff "Trass" folgendermaßen erklärt:

"Traß im Sinne der Bautechnik ist feingemahlener Tuffstein, der vulkanischen Auswurfmassen entstammt, er ergibt nach Mischung mit gelöschtem Kalk ein an der Luft und unter Wasser erhärtendes Bindemittel mit den unter Ziffer 2 bis 4 angegebenen Eigenschaften. Das spezifische Gewicht liegt im allgemeinen zwischen 2.3 und 2.5".

Außerdem wurde der Traßzement genormt, der nach DIN 1167 aus Portlandzementklinker nach DIN 1164 und Traß nach DIN 51043 bestehen soll. Dabei soll das Mischungsverhältnis Traß/Portlandzement entweder 30/70 oder 40/60 betragen.

In Süddeutschland ist zusätzlich der Suevit-Traßzement im Handel, der durch die allgemeine baupolizeiliche Zulassung vom 20. August 1952 vom Bayrischen Staatsministerium des Inneren zugelassen wurde. Der Suevit-Traßzement wird aus Portlandzementklinker gemäß DIN 1164 und aus Traß von bestimmten Lagerstätten des Nördlinger Rieses durch gemeinsames Vermahlen im Mischungsverhältnis 30 Teile Traß und 70 Teile Klinker hergestellt.

Tufflagerstätten, die für die Herstellung von Traßzement oder Traßkalk ausgebeutet werden, befinden sich in der Eifel, im Gebiet des Laacher Sees, des Nette- und des Brohltales (Abb.1).

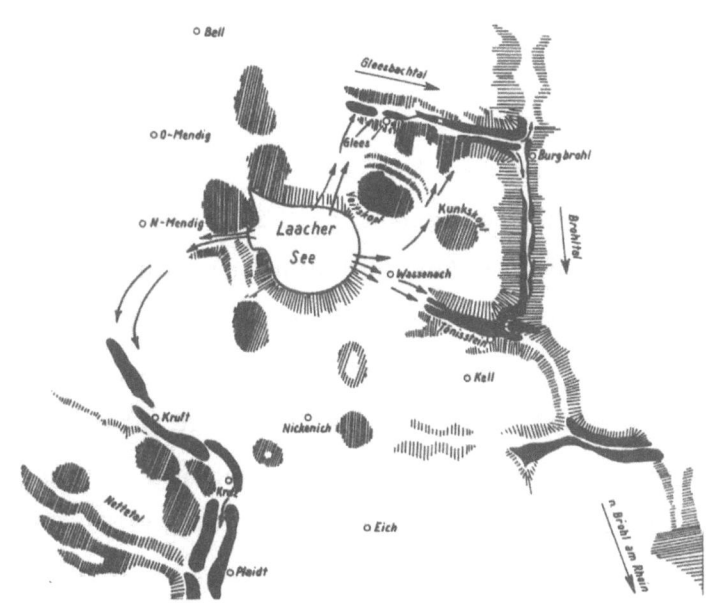

A b b i l d u n g 1
Tufflagerstätten in der Eifel, im Gebiet des Laacher Sees, des Nette- und des Brohltales

Weitere Lagerstätten, die für die Herstellung von hydraulischen Bindemitteln abgebaut werden, finden sich am SO-Rand vom Nördlinger Ries. Zusätzlich ist noch der Rhöntuff bekannt, der in jüngster Zeit von FICKE [7] untersucht wurde. Nach Feinmahlung dieser Rohtuffe für industrielle Verwertung spricht man von Traß.

2. Entstehung der Tuffe und ihre Konstitution
2.1 Entstehung der Tuffe

Zunächst wurde angenommen, daß die Tufflagerstätten durch Schlammströme entstanden seien. VÖLZING [8] erklärte dagegen die Bildung der großen Tufflagerstätten des Laacher-See-Gebietes durch Absetzen von Glutwolken aus der Luft. Dabei versteht er unter Glutwolken Zusammenballungen feinster Magmateilchen, die beim Vulkanausbruch durch explosionsartiges Zerspritzen größerer, flüssiger Lavafetzen gebildet wurden. In gleicher

Weise wird auch die Entstehung der Tuffe im Gebiet des Mt. Pelée erklärt.

BRAUNS [9] kommt zu dem Schluß, daß die Tufflagerstätten des Laacher-See-Gebietes nicht nur durch den Aschenregen solcher Glutwolken entstanden sein können, sondern in gleicher Weise durch Schlammströme. Hierbei handelte es sich um wasserdampfreiche Wolken, deren überwiegender Teil sich in die Täler wälzte und dort den Charakter von Schlammströmen annahm. Andererseits aber erfolgte auch ein Absatz durch die Luft, da ein Teil der Wolken in höhere Luftschichten gelangte und dann auch auf den Hochflächen zur Ablagerung kam. Ein Beweis hierfür ist das Traßvorkommen südlich von Weiler.

Die Entstehung des Tuffes in den Randzonen des Nördlinger Rieses wird ebenfalls durch vulkanische Tätigkeit erklärt. SAUER [10] gab dem Suevit-Traß seinen Namen. Nach seiner Ansicht sind die Suevite Mischprodukte eines jungen basischen (basaltischen) Magmas mit aufgeschmolzenen, kristallinen Gesteinen. Auch sein Schüler OBERNDORFER [11] vertrat die gleiche Ansicht. Danach soll es sich bei den Sueviten nur um Tuffe handeln, die durch senkrecht verlaufende Durchschlagsröhren im Gefolge der Riesexplosion an die Oberfläche traten. Dagegen spricht die Abwesenheit von Vulkanbauten des Maartypus und das Auftreten von erstarrten Schmelzflüssen an einigen Stellen dafür, daß es sich beim Suevit-Traß um durch einen hohen Gasgehalt z.T. zerspratztes Magma handelt.

Gegenüber der Ansicht von SAUER und OBERNDORFER, daß die Suevite Mischprodukte basaltischen Magmas und aufgeschmolzenen kristallinen Gesteines sind, vertreten NATHAN [12], AHRENS [13], ANGEL [14] und WURM [15] die schon früher von DEFFNER und FRAAS [16] mitgeteilte Ansicht, daß in den Sueviten nur aufgeschmolzenes Grundgebirge vorliegt. Nach AHRENS kann die Aufschmelzung durch regionale vulkanische Gasansammlungen erklärt werden.

Bei dem Tuffvorkommen der Rhön am Schafstein handelt es sich um eine Mischung von Kristalltuff mit einem Tuff, der mit Gesteinsfragmenten vulkanischen und fremden Materiales durchsetzt ist. Auf Grund dieser Einschlüsse besteht zwischen der Förderung des Schafsteinbasaltes und des Tuffes ein genetischer Zusammenhang, zumal der Tuff nicht nur Basalteinschlüsse führt, sondern zusätzlich noch von Basaltlava überdeckt wird, wie FICKE nachweisen konnte.

Das Trachyt-Trachyandesitmassiv von Gleichenberg [17] in der südöstlichen Steiermark tritt in dem 596 m hohen Gleichenberger Kogel zutage. Nach der Profilskizze handelt es sich um ein äußerst mächtiges Vorkommen, das durch sarmatische (Obermiozän) Unterpannonische (Unterpliozän) und mittelpannonische Schichten überlagert wird. Zunächst wurde trachyandesitische Lava, später trachytische Lava gefördert. In einem Steinbruch bei Gleichenberg finden sich rote neben grünen Trachyandesiten, die von Trachyten überlagert werden. Der "Traß" entstand insbesondere an der Nordostflanke der Gleichenberger Kogeln durch Zersetzung der Trachyandesite in Halbopal und in "eine helle tonige Masse". Die Zersetzung der Trachyandesite erfolgte durch postvulkanische Vorgänge.

2.11 Geologisches Entstehungsalter der Tuffe

Als Zeitmarke für die Entstehung der Tuffe im Gebiet des Laacher Sees dienen die Bimssteinstreufächer der Laacher Flugasche. ANGELBIUS [18] hielt die Westerwälder Bimssteinablagerungen für tertiär, während SANDBERGER [19] erklärte, daß es sich um diluviale Bildungen handelt. BEHLEN [20] konnte später zeigen, daß SANDBERGER im Recht war und daß die Westerwälder Bimssteinablagerungen rheinischen Ursprungs sind. Bei dem Bimsstein des Neuwieder Beckens handelt es sich ebenfalls um Material, das aus dem Krater des Laacher Sees stammt, wie MORDZIOL [21] nachweisen konnte. Diese Bimsablagerungen wurden bei der amtlichen Kartierung von KAISER, Blatt Koblenz, wie auch bei der amtlichen Kartierung des Laacher-See-Gebietes durch AHRENS [22] für alluvial erklärt, obwohl schon 1908 die Einlagerung verschwemmten Bimssteines in die jüngsten Schichten der Niederterasse erkannt und 1930 die Einstufung der Laacher Bimssteinüberschüttung in die Verlehmungszone der Aschenschwankung stratigraphisch nachgewiesen worden war. Diese letzte Altersbestimmung ist weitgehend das Verdienst von STEINBERG [23], der auf dem Untereichsfeld bei Göttingen in Moorschichten vulkanische Asche fand, die nach Untersuchungen von FRECHEN [24] aus dem Laacher-See-Gebiet stammt.

Die Zeit der Laacher Trachytausbrüche konnte bereits 1888 bestimmt werden, als man auf dem Martinsberg bei Andernach ein Renntierjägerlager aus dem Ende der Eiszeit von unberührten Bimssteinschichten überlagert fand. Daraus folgt, daß die Ausbrüche frühestens am Ende der Eiszeit erfolgt sein konnten. Weiterhin wurden in jüngerer Zeit in den Moorgebieten Norddeutschlands Streifen vulkanischer Ablagerungen gefunden, deren zeitliche Stellung durch Pollenanalyse der darunter und darüber liegenden Moorschichten genau bestimmt werden konnte. In allen Fällen wurde die Asche während der Aschen-Allerödschwankung, d.h. in der Wärmeschwankungsperiode der nacheiszeitlichen Tundrenzeit des 9. vorchristlichen Jahrtausends eingeweht.

Pollenanalytische Untersuchungen an einigen Tuffen aus Maaren der Westeifel ergaben, daß diese ungefähr im 9. Jahrtausend vor der Zeitwende ausgeworfen sein mußten. Diese Untersuchungen wurden von FRECHEN und STRAKA [25] durchgeführt.

Die Traßlagerstätten des Nördlinger Rieses sind früher entstanden als die in der Eifel.

Der Riesvulkanismus fällt zeitlich mit der Bildung des Alpenmassives zusammen, d.h., die Eruptionen fanden zur Zeit des mittleren Obermiozäns [26] statt, das etwa 15 Millionen Jahre zurückliegt.

Der Vulkanismus der Rhön ist etwa genau so alt wie der des Rieses. Die anstehenden Tuffe und Tuffite stammen nach ELBORG [27] u.a. aus dem unteren Pliozän bzw. dem oberen Miozän.

Nach den Untersuchungen von WINKLER - HERMADEN [28 und 29] liegen die jung-tertiären Gleichenberger Vulkanausbrüche im vortortonischen Zeitalter. Dagegen könnten allerdings die letzten Ausbrüche im Torton (oberes Miozän) stattgefunden haben. Die postvulkanischen Vorgänge, die zu der Bildung der Trasse führten sind vorsarmatisch, d.h. sie müssen ebenfalls im Torton erfolgt sein.

2.12 Petrographie der Tuffe

Nach VÖLZING [8] und TANNHÄUSER [30] setzt sich der Tuff aus verschieden großen Bimssteinstückchen und einer Füllmasse zerstäubten schaumigen Glases zusammen. Das Glas selbst ist mit Kristallen und Kristallbruchstücken durchsetzt. Zu diesen Komponenten kommen noch Gesteine hinzu, die bei den Vulkanausbrüchen mit gefördert wurden.

Die Gesteinskomponenten des rheinischen Tuffes ordnet VÖLZING nach ihrer Herkunft in:

1. Bestandteile, die dem Magma entstammen, durch dessen Eruption die Tufflagerstätten gebildet wurden.

2. Fremde Gesteinsgemengteile, die unterteilt werden in:

   2.1 Trümmer festen Gesteines, das bei der Eruption durchbrochen und mit den Eruptivmassen gemeinsam ausgeschleudert wurde.

   2.2 Bestandteile, die aus der Umgebung der heutigen Fundstelle auf irgendeine Weise in die Tufflagerstätten gelangten.

Auch der Suevit-Traß des Nördlinger Rieses ist petrographisch durch einen hohen Glasanteil gekennzeichnet. So gibt im Jahre 1925 SCHUSTER [31] folgende Beschreibung des Suevites:

"Das im ganzen graue Gestein ist in frischem Zustand fest und hart und besteht aus vulkanischer Asche glasiger Natur, die durchspickt ist mit mehr oder minder zahlreich beigemengten Trümmern von Gesteinen aus dem Grundgebirge, von Trümmern bis großen Fetzen und Fladen von meist schwarzem Glas (Bomben) und von dem durchbrochenen Deckgebirge (Keuper-Miocän)".

Von SCHUSTER wird außerdem zwischen Wannenstraß und Schlottraß unterschieden. Dabei sind die Wannenstrasse, die als Ablagerungen in Geländemulden vorkommen, durch kleinkörnige fremde Gemengteile gekennzeichnet, wohingegen bei den Schlottstrassen glasige Bestandteile mit größeren Fremdeinschlüssen vorherrschend sind.

DEFFENER und FRAAS stellten sich die Suevite als aufgeschmolzene granitische Gebirgsarten vor, die durch die Eruptionen an die Oberfläche gefördert wurden. Nach den chemischen Analysen werden Liparit, Trachyt oder Dacite und Glimmer-Hornblende-Andesite vorgetäuscht. Eine Erklärung hierfür ergibt sich daraus, daß die Glasanteile in allen Fällen mit sehr feinen Kristallrelikten (Quarz und Feldspat) durchsetzt sind, so daß in keinem Fall ein ganz reines Glas analysiert werden konnte.

In den Tuffen der Rhön konnte FICKE [7] folgende bis 3 cm große Gesteinsfragmente beobachten:

1. Vulkanisches Material,
   1.1 Phonolith und entsprechende Lapillis,
   1.2 phonolithoider Tephrit,
   1.3 Plagioklasbasalt, Hornblendebasalt, Basanit
2. Fremdauswürflinge aus dem Grundgebirgsmaterial,
   2.1 Glimmerschiefer und
   2.2 Quarzitgneis.

Dabei ist der Phonolith mit trachytischer Textur durch größere Einsprenglinge von Alkalifeldspäten gekennzeichnet. Im phonolithoiden Tephrit wurden kleinere Alkalifeldspäte (z.T. zonar gebaut) neben mafitenreicher Grundmasse beobachtet. Die Plagioklasbasalte enthielten nur geringe Mengen an Foiden und stark wechselnde Olivingehalte. In dem Hornblendebasalt fanden sich resorbierte Hornblenden. In dem Phonolithtuff konnten außerdem noch Bimssteinstücke und Lapillis nachgewiesen werden.

Das Gesteinsmaterial, das nicht in die Vulkanserie der Rhön hineingehört, wird durch die Quarzkörner und die grünen Hornblenden kenntlich. Zusätzlich werden in dem Glimmerschiefer und dem Quarzitgneis das Mineral Biotit gefunden.

Als Zersetzungsprodukt konnte in dem Phonolithtuff vom Schafstein Montmorillonit röntgenographisch und thermoanalytisch nachgewiesen werden.

2.13 Mineralogische Zusammensetzung der Tuffe

In dem rheinischen Tuff fanden sich nach VÖLZING [8] folgende optisch mit dem Polarisationsmikroskop bestimmte kristalline Komponenten: Feldspat, Hornblende, gemeiner Augit, Ägirinaugit, Titanit, Biotit, Hauyn, Nosean und Magnetit. TANNHÄUSER bestimmte neben Nosean und Hauyn auch noch den Sodalith.

Die Glasmasse des Tuffes ist durchsetzt von Kristalliten der oben beschriebenen Art sowie von Bimssteinsplittern und verschiedenartigen Auswürflingen. Dabei ist die Anordnung der Einschlüsse völlig regellos.

Leuzit wurde von VÖLZING im Traß nur in den beigemengten Gesteinen, die auch Olivin enthielten, gefunden. Nach TANNHÄUSER ist der Tuff des Brohl- und Nettetales leuzitfrei.

Zusätzlich vermutete TANNHÄUSER [32] die Anwesenheit von Zeolithen, die er jedoch optisch nicht nachweisen konnte. Er nahm die Bildung sekundärer zeolithischer Substanzen an, da die Sodalithmineralien in Natrolith übergehen können.

Der bayrische Suevit-Traß ist dagegen durch einen Quarzgehalt gekennzeichnet. Die Quarzkörner löschen undulös aus; selten werden auch angelöste Quarzkörner beobachtet. Die dunkelbraune Färbung des schlierigen

Glases wird auf geschmolzene Biotite zurückgeführt.

Im Schmähinger Schlot wurden Einschlüsse von Diorit gefunden. Neben unveränderter Hornblende erkennt man im Dünnschliff ein isotropes Mineral, das aus der Aufschmelzung von Feldspat entstanden sein dürfte. Dieser Vorgang hatte eine Volumenvermehrung zur Folge, was deutlich durch radial verlaufenden Risse kenntlich wurde, die dann auftraten, wenn die isotrope Matrix von grüner Hornblende umgeben war.

Andere Tuffproben zeigen Kalkspateinschlüsse, die von einem braunen Glas umgeben sind. Zusätzlich wurden Oligoklase-Andesine und sogar noch vollständig erhaltene Biotite bestimmt, woraus zu schließen ist, daß hier die Aufschmelzung weniger stark war.

Die Tuffe und die Gläser der Suevit-Trasse untersuchte ACKERMANN [33] und fand, daß die Hauptmasse, nämlich 76 bis 87 % der untersuchten Suevite aus glasiger Grundmasse besteht, ca. 15 % sind Bomben, während der Rest aus sedimentären und kristallinen Komponenten besteht. An 22 verschiedenen Tuffgläsern wurde die Dichte und die Lichtbrechung bestimmt. Dabei lagen die Dichten zwischen 2.51 und 2.71 g/cm^3, während die Brechungsindices von 1.527 bis 1.553 variierten. Vergleicht man die Dichten der Riesgläser mit denen von Basalt-, Dacit-, Andesit- und Syenitglas, so wird deutlich, daß die Dichten der Riesgläser vom Basalt- bis zum Syenitglas reichen. Interessant ist die Feststellung ACKERMANNS, daß mit steigendem Wassergehalt die Dichten der Gläser abnehmen. Dabei haben Gläser mit 3.5% Hydratwasser eine Dichte von ca. 2.5 g/cm^3 und solche von unter 1 % Hydratwasser etwa 2.7 g/cm^3. Eine Abhängigkeit der Dichte oder des Brechungsindexes von dem Fe_2O_3-Gehalt konnte nicht nachgewiesen werden.

An einem Rhöntraß untersuchte FICKE die mineralogische Zusammensetzung und unterteilte in magmaeigene Minerale, basaltische Minerale und fremde Mineralauswürflinge aus dem durchschlagenen Grundgebirge:

1. Magmaeigene Minerale
   Sanidin, Anorthoklas, Mikrolin, Perthit aus phonolitischem Material,

2. basaltische Minerale
   Augit aus Basalt und Basanit,

3. fremde Mineralauswürflinge aus dem durchschlagenen Grundgebirge grüne
   Hornblende aus Amphibolit
   Biotit und Quarz aus Glimmerschiefer und Quarzitgneis.

Weiterhin konnte FICKE noch die Bildung von Monmorillonit als sekundäre Neubildung in dem untersuchten Rhöntuff feststellen.

Bei einem Vergleich der mineralischen Zusammensetzungen der Eifel-Tuffe mit den in der Rhön und im Nördlinger Ries gefundenen Tuffen liegt der Hauptunterschied darin, daß im rheinischen Tuff Minerale der Sodalithgruppe bestimmt wurden, dagegen kein Quarz. In dem Rhön- und in dem Riestuff wurden keine Sodalithminerale, dafür aber aus Fremdgesteinen herrührend Quarz festgestellt.

<u>Die glasige Grundmasse sowie das Auftreten von Feldspat- und Glimmermineralien ist allen untersuchten Tuffen gemeinsam.</u>

<u>2.15 Chemische Zusammensetzung von Tuffen, Trassen und Puzzolanen</u>

Die folgenden Tabellen 1 und 2 zeigen die chemische Analysen von Trassen und von Puzzolanen.

Tabelle 1 und 2

Analysen verschiedener Trasse und Puzzolanen

Nummer	1	2	3	4	5	6	7	8
SiO_2	51.43	58.32	57.50	54.0	53.07	80.74	59.14	51.65
TiO_2	0.76	-	-	-	-	-	-	-
Al_2O_3	17.36	20.88	10.1	16.5	18.28	11.34	21.28	15.08
Fe_2O_3	5.43	4.15	3.9	6.1	3.43	0.99	4.76	4.37
MnO	Spur	-	-	-	0.58	Spur	-	-
CaO	2.20	2.19	7.7	4.0	1.24	-	1.90	5.43
MgO	2.82	1.10	1.1	0.7	1.31	0.27	-	1.18
K_2O	4.22	3.91	6.4	10.0	4.17	3.50	4.37	6.19
Na_2O	4.28	4.11			3.73	0.16	6.23	1.01
H_2O	7.58	5.87	12.6	7.7	12.78	2.11	-	11.40

Nummer	9	10	11	12	13	14	15	16
SiO_2	64.47	58.31	61.39	63.28	58.58	61.02	48.2	65.9
TiO_2	-	0.78	0.56	0.58	-	-	-	-
Al_2O_3	20.30	15.05	20.98	21.62	17.66	17.61	21.9	12.9
Fe_2O_3	4.59	5.46	4.15	3.85	3.44	4.51	9.6	1.6
CaO	2.23	6.12	1.87	2.01	1.97	2.38	7.5	3.7
MgO	0.30	1.58	Spur	-	1.85	2.02	3.02	0.3
K_2O	4.21	4.94	4.67	4.82	3.92	5.54	4.1	2.4
Na_2O	3.34	3.08	3.36	3.81	1.64			1.1
CO_2	-	0.80	3.65	-	-	-	-	-
H_2O	1.74	4.73		-	6.39	6.57	5.3	6.5

1. Rheinischer Tuff von Tönissteiner Tal (VÖLZING [8])
2.   "   "   von Tönisstein (BRUHNS [34])
3.   "   Traß von Andernach (CHATONEY und RIVOT [35])
4.   "   "   von   "   (CHATONEY und RIVOT [35])
5.   "   "   von Plaidt (HILT [36])
6. Felsittuff vom Zeisigwald b. Chemnitz (KNOPP [37])
7. Puzzolan von Neapel (ELSNER [38])
8. Tuff von Nola (ABICH [39])
9-12. Bayrische Trasse von Amerbach und Polsingen (SCHOWALTER [40] und OBERNDÖRFER [11])
13-14. Rhöntraß (FICKE [7])
15. Puzzolanerde von Segni (LEA und DESCH [41])
16. Dazittuff von Rumänien (PHLEPS [42])

Aus den chemischen Analysen der verschiedenen Trasse, Tuffe und Puzzolanerden -wie diese Materialien in Italien genannt werden- ist zu ersehen, daß diese die Zusammensetzung von Alumosilikaten haben. Der Kieselsäuregehalt liegt zwischen 50 und 65 %, wobei die rheinischen Trasse geringere, die bayrischen, der rumänische und die Rhöntrasse höhere Gehalte haben. Die italienischen Puzzolanerden haben schwankende Gehalte an Kieselsäure. Weit außerhalb des Schwankungsbereiches liegt der SiO_2-Gehalt des Felsittuffes aus dem Zeisigwald bei Chemnitz mit über 80 %. Die Tonerdemengen liegen bei den aufgeführten Materialien einheitlich zwischen 10 und 22 %. In weiten Grenzen, von 1 bis 10 %, variieren auch die Gehalte an Fe_2O_3, was wohl auf die jeweiligen Gehalte an basaltischen Einsprenglingen zurückzuführen sein dürfte. CaO und MgO wurde in den meisten untersuchten Trassen nur in untergeordnetem Maße nachgewiesen. In einzelnen Fällen wurden bis zu über 7 % CaO gefunden, das dann überwiegend an Karbonat gebunden sein dürfte. Interessant ist der relativ hohe Gehalt an Alkalien, der in den meisten Fällen bei 8 % und darüber liegt. Sie sind entweder in den Feldspäten, in den Mineralien der Sodalithgruppe und in den Glimmern oder in der glasigen Grundmasse der Tuffe gebunden.

Ein besonderes Augenmerk verdienen die Werte für die gefundenen Hydratwassermengen. Die Hydratwassergehalte wurden seit der Entwicklung der Traßnormen als Gütemerkmal angesprochen. Nach dieser Norm soll der Wert mindestens 7 % betragen. In den vorliegenden Proben wurden nun Glühverluste von 2 bis über 12 % nachgewiesen. Diese Glühverluste enthielten neben dem Gesamtwasser das häufig in den Tuffen auftretende CO_2, das in den meisten Fällen unberücksichtigt blieb. Es ist deshalb nicht möglich, die vorhandenen Werte exakt zu diskutieren.

Ob dem Gesamtwassergehalt ein besonderer Wert bzw. ein Qualitätsmerkmal überhaupt beizumessen ist, wird in einem späteren Abschnitt noch zu diskutieren sein.

2.2 Ursachen des hydraulischen Erhärtungsvermögens der Trasse

Nachdem die mineralogische, petrographische und chemische Zusammensetzung der Trasse mitgeteilt wurde, soll im folgenden auf die Ursachen des hydraulischen Erhärtungsvermögens näher eingegangen werden. Hierüber wurde in den vergangenen 60 Jahren heftig diskutiert. Die verschiedenen

Forscher sind z.T. zu stark unterschiedlichen Meinungen gelangt. Im einzelnen wurden 4 Ansichten vertreten:

1. Die Reaktionsfähigkeit der Trasse beruht auf dem Gehalt an Sodalithmineralien.
2. Die Zeolithe sind die Ursache des hydraulischen Erhärtungsvermögens.
3. Die glasige Grundmasse ist die Ursache der hydraulischen Erhärtung.
4. Die Traßzusätze zu Mörtel und Beton leisten keinen Beitrag zur hydraulischen Erhärtung. Die beobachteten Festigkeitsbeiträge werden auf eine Erhöhung der Mörtel- oder Betondichte zurückgeführt.

Die erste Theorie wurde vorwiegend von TANNHÄUSER [30] vertreten. Er wendet sich gegen die Auffassung, daß das Glas der Grundmasse als Ursache für das hydraulische Erhärtungsvermögen angesehen werden kann, da es sich um ein trachytisches Glas handelt, das zu den sauren Gesteinsgläsern zu rechnen ist. Es ist nach seiner Auffassung unwahrscheinlich, daß der Kalk das Glas unter Abscheidung reaktionsfähiger Kieselsäure aufzuschließen vermag. Er verweist weiter auf die Tatsache, daß auch in weniger hydraulischen Trassen größere Mengen an glasiger Substanz enthalten sind und daß diese Trasse keine gute Hydraulizität haben. Er kommt daher zu dem Schluß, daß nur die Sodalithe die Ursache für die hydraulische Reaktionsfähigkeit der Trasse bilden können.

Zu den Sodalithen gehören die folgenden Mineralien:

Sodalith	:	$3Na_2Al_2Si_2O_8 \cdot 2NaCl$	mit 7.3 % Cl
Nosean	:	$Na_2Al_2Si_2O_8 \cdot 2Na_2SO_4$	mit 14 % SO_3
Hauyn	:	$3(Na_2,Ca)Al_2Si_2O_8 \cdot (Na_2Ca)SO_4$	mit 8 % SO_3
Lasurstein	:	$3Na_2Al_2Si_2O_8 \cdot 2Na_2S_3$	

Nach TETMAJER [43] würde es bei der Umsetzung der Sodalithmineralien mit dem Kalk zur Bildung intermediärer, freier und reaktionsfähiger Kieselsäure kommen, die sich dann mit Kalk zu Kalziumsilikathydraten umsetzen müßte.

Dagegen nimmt TANNHÄUSER [30] an, daß die Reaktionsfähigkeit der Sodalithmineralien auf Austauschreaktionen beruht. Dabei werden die Alkalien der Sodalithe gegen den freien Kalk aus dem Portlandzementanteil des Mörtels oder Beton, der bei der Hydratation oder Hydrolyse der Klinkermineralien entsteht, oder der im Bindemittel enthalten ist, ausgetauscht. Bei diesem Austausch sollen stabilere Silikate entstehen.

Durchgeführte Untersuchungen bestätigen, daß sich die Alkalien der Sodalithe gegen Kalzium austauschen lassen.

In einer weiteren Arbeit berichtet TANNHÄUSER [44], daß nicht allein die Sodalithmineralien sondern in gleicher Weise Gläser von der Zusammensetzung der Sodalithe ihre Alkalien gegen Kalk austauschen können. Die Ansicht TANNHÄUSER'S wird in gleicher Weise auch von GUTACKER [45] vertreten. HAMBLOCH [46] kommt nach seinen Untersuchungen zu dem Schluß, daß nur geringe Mengen an Sodalithmineralien in den rheinischen Trassen enthalten sind, die das Reaktionsvermögen der Trasse nicht befriedigend erklären können.

Ungeklärt ist nach der Theorie von TANNHÄUSER auch die Tatsache, daß die Trasse des Nördlinger Rieses, die keine Sodalithmineralien enthalten und auch die Rhöntrasse hydraulisch wirksam sind.

HAMBLOCH [47] sieht das zeolithische Material der Trasse als hydraulisch wirksamen Bestandteil an. Auch HART [48] vertrat diese Ansicht. Er fand bei seinen Untersuchungen, daß die leichtesten Fraktionen den höchsten Hydratwassergehalt haben und auch stark mit Alkalien angereichert sind. Er trennte die Trasse nach dem spezifischen Gewicht in einzelne Fraktionen. Die leichten Fraktionen hatten außerdem einen höheren Anteil salzsäurelöslicher Kieselsäure. Zu analogen Ergebnissen, daß nämlich die Reaktionsfähigkeit der Trasse auf die zeolithischen Mineralien wie z.B. Analzim ($Na_2O \cdot Al_2O_3 \cdot 4SiO_2 \cdot 2H_2O$) zurückzuführen sei, kamen auch LUNGE [49], STEOPOE [50] sowie BIEHL und WITTEKINDT [51]. Letztere beobachteten jedoch, daß die Trasse ein höheres Basenaustauschvermögen haben als es an natürlichen Zeolithen gefunden wurde. Daraus folgerten sie, daß außer der zum Austausch erforderlichen Kalkmenge noch ein zusätzlicher Kalkanteil von den hydraulisch wirksamen Trassen absorbiert wird. In einer weiteren Versuchsreihe konnte WITTEKINDT [52] nachweisen, daß der Anteil an salzsäureunlöslichem Material bei dem Nettetaler Traß während einer Erhärtungsdauer von 36 Wochen um 14.4 % gegenüber dem Anfangswert abnimmt, d.h., der in Salzsäure unlösliche Anteil des rheinischen Trasses beteiligt sich an der hydraulischen Erhärtung und wird salzsäurelöslich.

Andere Forscher führen die Reaktionsfähigkeit der Trasse auf die glasigen Bestandteile zurück. Die glasigen Anteile enthalten einen hohen Anteil reaktionsfähiger Kieselsäure, die in Gegenwart von Kalziumhydroxyd nach HAMBLOCH [53], GALLO [54], SAUER [55] und BRAUNS [56] zu Kalziumhydrosilikaten umgesetzt wird.

Weit verbreitet ist aber auch die Ansicht, daß die Traßzusätze nur eine bessere Porenfüllung im Beton oder Mörtel bewirken und dadurch die Festigkeit günstig beeinflussen, wodurch eine Hydraulizität vorgetäuscht wird. Diese Ansicht wurde u.a. von GRAF [57] und RICHARZ [58] insbesondere bei mageren Mörtel- und Betonmischungen vertreten.

Faßt man die Ergebnisse der verschiedenen Meinungen der einzelnen Autoren zusammen und wertet sie kritisch aus, so scheint die Annahme, daß die glasige Grundmasse für das Reaktionsvermögen der Trasse verantwortlich ist, am wahrscheinlichsten. Sie konnte aber bis jetzt nicht eindeutig bewiesen werden.

Sowohl durch das Basenaustauschvermögen der Sodalithmineralien als auch durch den Basenaustausch der Zeolithe läßt sich der Beitrag der Trasse zur hydraulischen Erhärtung nicht erklären, da zur Erzielung von Festigkeiten eine Umkristallisation erforderlich ist. Durch den Austausch der Alkalien gegen Kalk ist eine Verfestigung nicht möglich. Daß aber die Trasse ein reales, hydraulisches Erhärtungsvermögen besitzen, d.h. daß sie nicht nur durch eine bessere Raumausfüllung einen Festigkeitsbeitrag leisten, zeigen die Versuche mit Traßkalkmörteln. Hier erreichen die Traßkalke wesentlich höhere Festigkeiten als die Kalke ohne Traßzusatz.

2.3 Bedeutung des Hydratwassers im Traß

Über die Bedeutung des Wassergehaltes in bezug auf die Reaktionsfähigkeit der Trasse bestehen auch heute noch große Meinungsverschiedenheiten.

HAMBLOCH [59] versteht unter dem Begriff Hydratwasser das Konstitutionswasser, d.h. chemisch gebundenes Wasser. Dabei haben die Wasserdämpfe, die bei den vulkanischen Eruptionen mit auftraten, wesentlichen Einfluß auf die Entstehung der Tuffe. Diese Wasserdämpfe sind nach HAMBLOCH die Ursache für die Bildung wasserhaltiger Silikate, die den wesentlichsten Bestandteil der Trasse bilden. Somit könnte der Tuff auf grund seiner Entstehung eine Schlacke sein, die einen Granulationsprozess durchgemacht hat. Der bei den vulkanischen Eruptionen auftretende Wasserdampf führte zur Hydroxylbildung in den Traßgemengteilen. HAMBLOCH weist darauf hin, daß bei 700°C entwässerte Trasse ihr Hydratwasser nicht wieder aufnehmen und daß diese Trasse auch nicht mehr hydraulisch wirksam sind.

Als erster konnte TETMAJER [60] nachweisen, daß ausgeglühte Trasse ihre hydraulischen Eigenschaften verlieren. Hieraus folgte der Vorschlag, die Güte des Trasses nach der Höhe des Glühverlustes zu beurteilen. Dabei wurde der Mindestwassergehalt für Normenstraß auf 7 % festgesetzt. Der Wassergehalt wird nach DVM 1043, Blatt 2 Abschnitt 13, ermittelt. Nach diesem Verfahren wird die Traßprobe bei 98°C bis zur Gewichtskonstanz getrocknet und dann bei schwacher Rotglut geglüht.

SAUER [55] hält in gleicher Weise wie HAMBLOCH und TETMAJER den Hydratwassergehalt für einen Gütemaßstab der Trasse. Auch BRAUNS [56] mißt der Hydratwasserbestimmung an den Trassen eine besondere Bedeutung bei, da nach seiner Ansicht die Höhe des Hydratwasseranteiles ein Maß für die reaktionsfähige Kieselsäure darstellt.

Im Gegensatz zu den genannten Forschern hat der Gehalt an Hydratwasser in den Trassen nach BURCHARTZ [61] keinen Einfluß auf das hydraulische Erhärtungsvermögen. Bei Festigkeitsuntersuchungen mit geglühten und ungeglühten Trassen konnte er feststellen, daß die geglühten Trasse gleich hohe z.T. sogar höhere Festigkeiten in Verbindung mit Portlandzementmörtel erzielten. In gleicher Weise erhielt auch WOLFRAM [62] mit geglühten Trassen in einigen Fällen höhere Festigkeiten als mit den ungeglühten Traßproben. Gleichlaufende Ergebnisse erzielten SESTINI [63], VITTORI [64], STEOPOE [65] und TEODORU [66] an italienischen Puzzolanerden bzw. rumänischen Trassen.

KÜHL [67] macht in diesem Zusammenhang auf die Möglichkeit aufmerksam, daß durch das Glühen der Trasse ein aktiver Anteil zerstört und dafür zusätzlich eine neue aktive Substanz gebildet werden kann.

Faßt man die bisherigen Forschungsergebnisse zusammen, so ergibt sich eindeutig, daß die Bedeutung des Hydratwassers in keiner Weise belegt ist und daß aus den vorliegenden Versuchsergebnissen keine gültigen

Schlußfolgerungen gezogen werden können. In dieser Frage wird die Ermittlung der Mineralzusammensetzung der Trasse einen großen Schritt weiter helfen, da sich daraus die Verteilung des Wassers ergibt. Aus den Ergebnissen wird sich errechnen lassen, in welchem Umfang und in welcher Form das Wasser an die kristallinen Gemengteile bzw. an die glasige Grundmasse gebunden ist.

2.4 Mörteltechnisches Verhalten von Traßzement- und Traßkalkmischungen

2.41 Festigkeitsuntersuchungen an Traßzementen und Traßkalken

Schon am Ende des 19. Jahrhunderts machte MICHAELIS [4] auf die guten Eigenschaften der Puzzolane aufmerksam. Er sagte: "Geeignete Puzzolane erhöhen die zementierende Kraft eines Zementes".

Im Jahre 1913 veröffentlichte BURCHARTZ [61] eine sehr umfangreiche Untersuchungsreihe über die Verwendung von Traß im Mörtel. Es wurden Mörtelmischungen von 1 Teil Portlandzement, 1 Teil Traß und 3 Teilen Sand erdfeucht eingeschlagen. Die mit dem Traßanteil eingeschlagenen Mischungen ergaben gute Festigkeiten, wobei zu beachten ist, daß der Traß nicht als Zementersatz, sondern lediglich als Mörtelzuschlagstoff Verwendung fand.

Ein nicht genannter Forscher [68] untersuchte das Verhalten von Traß im Eisenbeton und kam zu dem Ergebnis, daß bei Balken mit höchstens 2 % Eisenbewehrung ein Beton, in dem 25 Vol. % des Zementes durch Traß ersetzt wurden, ebenso brauchbar wie reiner Zement ist.

Umfangreiche Untersuchungen stellte auch GRAF [69] an und kam zu folgenden Ergebnissen:

"Aus den Versuchen erhellt, daß die festigkeitserhöhende Wirkung des rheinischen Trasses im Zementbeton unter den durch die Versuche gekennzeichneten Verhältnissen zunächst mit der Möglichkeit zusammenhängt, daß das Traßmehl das Raumgewicht des Mörtels oder des Betons verdichtet. Bei fetten Betonen vergrößert das Traßmehl die Festigkeit in der Regel nicht, weil fetter Beton durch den Traßzusatz meist nicht dichter wird, führt vielmehr in solchen Fällen in der Regel zu einer Verminderung der Festigkeit. Bei mageren Betonen sind erhebliche Festigkeitssteigerungen beobachtet worden; ihre Größe erwies sich abhängig von der Größe des Traßzusatzes, derart, daß bei Überschreitung eines gewissen Traßzusatzes die Festigkeit nicht mehr wächst, sondern kleiner wird".

GRAF legte in seiner Arbeit besonderen Wert auf die Körnungsverhältnisse der Zuschlagstoffe und machte auch nur die Feinheit des Traßzusatzes für eine etwaige günstige Festigkeitsentwicklung verantwortlich. In einer weiteren Arbeit untersuchte BURCHARTZ [70] das Problem eines Zementersatzes durch Traß und fand, daß man einen Festigkeitsabfall erhält, "wenn man von der Steigerung der Zugfestigkeit absieht". Auch bei nur geringem Zementersatz wurde ein Abfall in der Druckfestigkeit beobachtet, der auch nach einem Jahr Lagerung nicht aufgehoben wurde. Einzelheiten sind aus der folgenden Zusammenstellung zu entnehmen:

Tabelle 3

Prozentualer Einfluß von Traß auf die Festigkeiten eines reinen Portlandzementmörtels nach BURCHARTZ

Mischung in Raumteilen			Zugfestigkeit				Druckfestigkeit			
Zement	Traß	Sand	\multicolumn{8}{c}{in %}						
			1 M	3 M	6 M	1 J	1 M	3 M	6 M	1 J
1	0	3	100	100	100	100	100	100	100	100
0.9	0.1	3	101	106	104	106	84	86	90	87
0.9	0	3	89	93	88	88	74	77	74	76
0.75	0.25	3	92	113	109	109	76	78	77	78
0.75	0	3	67	94	77	73	63	64	58	64
1	0.5	3	135	156	126	144	143	140	127	120

Hiernach werden bei dem Ersatz des Portlandzementes durch Traß nur die Zugfestigkeiten günstig beeinflußt. Die Druckfestigkeiten nehmen schon bei 10 %igem Ersatz ab. Im Falle der Wertung des Trasses als Mörtelzuschlag wurde eine Festigkeitssteigerung um 26 bis 56 % für die Zugfestigkeiten und um 20 bis 43 % bei den Druckfestigkeiten beobachtet, wenn 0.5 Teile Traß dem Mörtel zugesetzt wurden. Dabei ist zu beachten, daß der Traß in diesem Fall nicht als Bindemittelersatz sondern als Zuschlagstoff zu werten ist. Im Gegensatz zu GRAF fand BURCHARTZ an Mörteln, daß ein Traßzuschlag sowohl in fetten als auch in mageren Mischungen die Festigkeit günstig beeinflußt.

BACH [71] stellte fest, daß eine anfängliche Minderfestigkeit bei Traßzusatz nicht nur ausgeglichen, sondern daß die Festigkeit eines Portlandzementmörtels bei längerer Lagerzeit überschritten wurde. Er führte dieses Ergebnis auf die langsame Bildung von Kalziumhydrosilikaten zurück.

Ebenso wie GRAF gelangte auch RICHARZ [58] zu der Ansicht, daß eine
günstige Festigkeitsentwicklung bei Verwendung von Traß neben Zement nur
eine Frage der Korngrößenverhältnisse ist und der Traß nur als Zuschlag,
nicht als Zementersatz zu werten ist. Über die Verwendung von Traß
äußerte er sich folgendermaßen:

"Traßzement kann nur da mit Erfolg angewendet werden, wo man zu Gunsten
anderer Betoneigenschaften, wie chemische Widerstandsfähigkeit und
Elastizität, auf hohe Festigkeiten verzichten kann".

In einer Entgegnung auf die Arbeit von RICHARZ wies MEUSER [72] auf die
guten Festigkeitseigenschaften, auf die hohe Elastizität sowie auf die
Dichte der Traßzementbetone hin. In einer weiteren Arbeit erwähnte
RICHARZ [73] besonders die guten Festigkeiten, die mit einem Traßzement
bestehend aus 9 Teilen Zement und 1 Teil Traß erzielt wurden. Außerdem
fand in dieser Arbeit die günstige Wirkung des Trasses im Beton in bezug auf auftretende Spannungen Erwähnung. MEUSER [74] berichtete erst-
malig 1928 über die günstigen Ergebnisse, die erzielt werden, wenn der
Traß fabrikmäßig mit dem Zement vermahlen wird und teilte einige Ver-
suchsergebnisse mit. Bei gemeinsamer Vermahlung von 70 Teilen Klinker
mit 30 Teilen Traß fand MEUSER für diesen Zement bei Feuchtlagerung
der Mörtelprismen höhere Festigkeiten als für den Vergleichszement mit
dem reinen Klinker, wie die folgende Tabelle 4 zeigt.

T a b e l l e 4

Traßzement- und Klinkerfestigkeiten nach MEUSER

Lagerungsdauer [Tage]	Klinkerfestigkeiten σ_Z σ_D [kp/cm^2]		Traßzementfestigkeiten σ_Z σ_D [kp/cm^2]	
3	30.5	325	31.8	342
7	31.7	382	39.6	480
14	34.6	482	39.9	566
28	33.1	441	40.3	618

Die Werte zeigen deutlich eine bessere Festigkeitsentwicklung bei dem
Traßzement. Es muß aber darauf hingewiesen werden, daß Angaben über
die Mahlfeinheiten des Klinkers und des durch gemeinsames Mahlen hergestellten Traßzementes nicht vorliegen.

1930 veröffentlichte RICHARZ [75] eine umfangreiche Versuchsreihe. Er untersuchte nicht nur Mischungen vom Verhältnis 1 : 3 (ein Teil Portlandzement bzw. Traßzement : drei Teilen Sand), sondern ebenfalls Mischungen vom Verhältnis 1.05 : 3 und 1.1 : 3. In diesen Mischungen wäre ein Teil des Trasses als Zuschlag zu rechnen. RICHARZ untersuchte 1. einen durch Mischen hergestellten Traßzement und fand, daß fast alle Zugfestigkeiten nach 7 und 28 Tagen Wasserlagerung unter denen der Mischungen mit reinem Portlandzement lagen. Nach 90 Tagen hingegen lagen sämtliche Zugfestigkeitswerte über denen der Portlandzementmischung. Bei kombinierter Lagerung lagen die Traßzemente schlechter. Die Druckfestigkeiten lagen in allen Fällen (bis zu 90 Tagen geprüft) unter denen der Mischung mit reinem Portlandzement.

In der Tabelle 5 wurden die Ergebnisse einiger Festigkeitsuntersuchungen, die mit Ettringer Traß erzielt wurden, zusammengestellt. Es muß darauf hingewiesen werden, daß der Mörtel mit einkörnigem Normalsand hergestellt und erdfeucht verarbeitet wurde.

Tabelle 5

Zement- und Traßzementfestigkeiten nach RICHARZ

Mischung in Gew. T.			Wasser [%]	Zug- u. Druckfestigkeitswerte in kp/cm² nach				
PZ	TZ	N.S.		7	28	90	28	90 Tagen
				Wasserlagerung			komb. Lagerung	
1	-	3	8.9	26.3	30.9	31.6	47.5	47.4
				369	503	558	558	613
-	1	3	9.4	22.3	30.0	33.3	39.4	35.6
				227	364	472	413	467
-	1.1	3	9.4	24.9	34.9	37.0	42.8	37.1
				255	420	539	474	537

Der Tabelle ist zu entnehmen, daß der durch Mischen hergestellte Traßzement 30/70 in allen Fällen geringere Mörtelfestigkeiten ergab als der reine Portlandzement. Angaben über die Siebrückstände der beiden untersuchten Zemente zeigen, daß der Traßzement grober war als der Portlandzement.

In einem weiteren Versuch wurde Klinker mit Traß und Gips zusammen vermahlen. Hier lagen alle Zugfestigkeiten mit einer Ausnahme, trotz des höheren Wassergehaltes, über der der Mischung mit reinem Portlandzement.

Das Gleiche gilt für die Druckfestigkeiten. Die folgende Zusammenstellung 6 zeigt einige Ergebnisse dieser Untersuchungen.

T a b e l l e 6

Zement- und Traßzementfestigkeiten nach RICHARZ

Mischung in Gew.T.			Wasser	Zug- und Druckfestigkeitswerte nach				
PZ	TZ	N.S.	%	7	28	90	28	90 Tagen
				Wasserlagerung			komb. Lagerung	
1	-	3	8.9	25.2	29.8	32.6	46.1	36.3
				353	555	669	604	540
-	1	3	9.3	28.1	33.9	39.9	47.1	36.8
				359	554	684	589	599

Im Gegensatz zu dem durch Mischen hergestellten Traßzement zeigt der durch gemeinsames Mahlen von Klinker und Traß erzeugte Zement zum Teil höhere Festigkeiten als der Vergleichszement aus reinem Klinker. Traßzement und Portlandzement wurden für diese Versuche auf gleiche Siebrückstände vermahlen. Dabei dürfte der Traßzement nach den heutigen Erkenntnissen eine wesentlich höhere Oberfläche erlangt haben als der reine Portlandzement. Durch diese beim gemeinsamen Vermahlen eintretende Verschiebung können diese Versuche nach dem heutigen Stand der Prüftechnik nicht als Grundlage für die Bewertung der Hydraulizität der Trasse herangezogen werden.

Eine dritte Versuchsreihe sollte über das Verhalten von frischem und gelagertem (1 Monat) Zement Aufschluß bringen. Außerdem wurde mit dem einkörnigen Normensand und mit dem gemischt körnigen Rheinsand gearbeitet, um den Korngrößeneinfluß zu untersuchen. Bei Verwendung von Normensand ergab sich für die Zugfestigkeiten, daß diese teilweise schon nach 7 Tagen Wasserlagerung über denen der Portlandzementmischungen lagen. Bei kombinierter Lagerung waren die Ergebnisse etwas ungünstiger. Die Untersuchungen mit Rheinsand ergaben die gleichen Verhältnisse. Die Druckfestigkeitsprüfungen ergaben Festigkeitsabfälle von bis zu 30 %; es konnte jedoch eine stetige Angleichung der Festigkeiten in Abhängigkeit von der Zeit beobachtet werden.

Während obige drei Versuche mit Ettringer Traß durchgeführt wurden, fand im 4. Versuch Nettetaler Traß Anwendung. Die Versuchsbedingungen entsprachen denen des dritten Versuches. Bei Verwendung von Normensand lagen die Zugfestigkeiten bei beiden Lagerungsarten nach 28 Tagen über denen der Mischung mit reinem Portlandzement. Bei Versuchen mit Rheinsand schnitten die Traßzementmischungen im allgemeinen schlechter ab. Die Druckfestigkeiten lagen in allen Fällen bis zur 90-Tage-Prüfung unter denen der Portlandzementmischung. RICHARZ führt die zum Teil guten Festigkeitsergebnisse, die mit Normensand erzielt wurden, "zum großen Teil" auf die bessere Porenausfüllung zurück. Für Wasserlagerung wurde festgestellt, daß die Traßzementfestigkeiten untereinander und gegenüber den Portlandzementfestigkeiten mit höherem Alter zunehmen.

Entsprechende Ergebnisse wurden auch in Amerika gefunden. BATES [76] führt ebenfalls die geringen Anfangsfestigkeiten der Puzzolanzemente an, weist aber auch auf den stetigen Festigkeitsanstieg bei längerem Lagern hin.

Entsprechend dem Ergebnis von GRAF [69], wonach bei fettem Beton durch Traßzusätze keine Verbesserung der Festigkeiten erzielt werden kann, fand KRONSBEIN [77], daß hydraulische Kalke von hoher Festigkeit durch Traßzusätze nur wenig beeinflußt werden können. Allerdings handelt es sich bei GRAF um eine zusätzliche Traßzugabe, während bei KRONSBEIN hochhydraulischer Kalk durch Traß ersetzt wurde.

Bei hochhydraulischen Kalken mit Druckfestigkeiten von über 160 kp/cm^2 konnte ein Ersatz von 35 Teilen Kalk durch Traß keine weitere Festigkeitssteigerung erbringen. Lagen die Druckfestigkeiten der Kalke nach 28 Tagen dagegen bei nur 40 bis 50 kp/cm^2, so ergab ein Ersatz von 50 % Kalk durch Traß eine Verbesserung der Festigkeiten um über 100 %. Die Erklärung hierfür liegt darin, daß bei den hochhydraulischen Kalken hoher Festigkeiten wenig freier Kalk für die Reaktion mit dem Traß zur Verfügung steht, während die hydraulischen Kalke geringerer Festigkeiten noch zu einem hohen Prozentsatz aus freiem Kalk bestehen.

Ein sonst nicht in der Literatur gefundenes Ergebnis erzielte STEOPOE [78]. Nach seinen Angaben wurden die Druckfestigkeiten von Traßzementen auch noch bei 50 %igem Zementersatz durch Traß gesteigert, während die Biegezugfestigkeiten unverändert blieben.

In neuerer Zeit gewinnt die Traßzementherstellung in Österreich mehr und mehr an Bedeutung. Es wurden Traßlagerstätten in der Steiermark bei Gossendorf entdeckt. Zum anderen zwingt die gesamte Energiewirtschaft auf der einen Seite zur Sparsamkeit (geringerer Kohlenverbrauch für Traßzement als für Portlandzement) und auf der anderen Seite zur Ausnutzung der vorhandenen Energiequellen, welche letzteren in Österreich in Form von Wasserkraft eine besondere Rolle spielen. Die Herstellung von Staumauern und dergleichen ist nicht nur eine Frage der Verwendungsfähigkeit sondern auch eine finanzielle Frage, in der die Zementkosten eine bedeutende Rolle spielen. So sind die Möglichkeiten, die sich durch die Verwendung von Traß oder anderen puzzolanartigen Stoffen ergeben, genau zu untersuchen und die Eignung dieser Stoffe genauestens zu überprüfen. Teilweise studierten österreichische Forscher in den USA die dort mit Puzzolanmaterialien (besser Puzzolanzementen) gemachten Erfahrungen. Es soll daher hier auf einige der in letzter Zeit entstandenen österreichischen Arbeiten eingegangen werden.

FRITSCH führte u.a. aus:
"Schließlich sei auf die in den letzten Jahren in der ganzen Welt stark anwachsende Verbreitung der Puzzolanstoffe im Wasserbau hingewiesen. Ihre Anwendung nimmt nicht nur auf den Baustellen und in der Literatur aller Länder einen immer breiteren Raum ein, sondern beschäftigt vor allem auch Wissenschaft und Forschung in zunehmendem Maße. Der Grund hierfür liegt vor allem darin, daß man nach dem heutigen Stand der Technik durch Puzzolanbeimengung Betoneigenschaften erreichen kann, die gerade im Massenbetonbau von ausschlaggebender Bedeutung sind, während gleichzeitig Ersparnisse, vor allem an Kohle, erzielt werden können".

JABUREK [80] fand an einem Traß von Gleichenberg, daß dieser in einem Traßzement 20/80 eine gleiche Betonfestigkeit wie aus reinem Portlandzement hergestellter Beton ergibt.

Nähere Untersuchungen führte auch SPALOVSKY [81] durch und führte aus, daß die Festigkeitseigenschaften des steirischen Trasses denen des Ettringer Trasses ähnlich seien.

In der folgenden Tabelle 7 werden die Normenfestigkeiten von 3 steirischen Trassen mitgeteilt. Unterschieden wird zwischen der Traßprobe I (ziegelrot), der Traßprobe II (gelb) und einem Handelstraß.

Tabelle 7

Untersuchungen an steirischen Trassen nach SPALOVSKY

	Traß I ziegelrot	Traß II gelb	Handels- traß	Mindestwerte n. DIN 1043
R 10 000 MS	10 %	10 %	-	-
R 4 900 MS	-	-	6.5	-
σ_Z (kp/cm²) 7 Tg.	14	15	9	5
28 Tg.	23	23	25	16
σ_D (kp/cm²) 7 Tg.	72	45	66	45
28 Tg.	165	81	200	140

Am günstigsten schneidet bei dieser Untersuchung der Handelstraß ab, während die Traßprobe I, die in der Norm festgelegten Mindestwerte gut, die Traßprobe II dagegen nicht erreicht. Bei Untersuchungen an Zementmörteln fand SPALOVSKY eine gute Druckfestigkeitszunahme der Mischungen mit Traß nach Wasserlagerung von 28 bis zu 90 Tagen, während die entsprechenden Mörtel mit reinem Portlandzement in diesem Bereich eine nur geringe Druckfestigkeitszunahme zeigten. Die Biegezugprüfung ergab gute Ergebnisse für die Traßmischungen.

Die Ergebnisse der Untersuchungen zur Feststellung der hydraulischen Kennzahl werden in der Tabelle 8 zusammengestellt. Die hydraulische Wertigkeitszahl nach KEIL [82] und HAEGERMANN [83] berechnet sich nach der folgenden Formel:

$$W = \frac{b-c}{a-c} \cdot 100$$

Darin bedeuten:

a = Normenfestigkeit des Portlandzementes
b = Normenfestigkeit des Traßzementes
c = Normenfestigkeit des "Quarzzementes"

Der Mörtel mit dem reinen Portlandzement erhält demnach die hydraulische Wertigkeitszahl 100. Der Traß kann eine Wertigkeit haben, die unter Null liegt, die zwischen 0 und 100 oder die über 100 liegt, je nachdem die Festigkeit des Traßmörtels unter oder über der des Mörtels mit dem Quarzgehalt oder über der des Mörtels mit dem reinen Portlandzement liegt.

Bei der Anwendung obiger Formel werden gleiche Siebrückstände der Zusatzstoffe und des Quarzmehles sowie gleiche Wasserzusätze beim Anmachen der Mörtel vorausgesetzt. Dabei findet aber keine Berücksichtigung, daß gleiche Siebrückstände auf dem 4 900 MS-Sieb nicht in allen Fällen zu gleichen spezifischen Oberflächen führen und daß gleiche Mengen an Anmachwasser keine gleichen Wassergehalte der Prüfkörper im Zeitpunkt der Prüfung bedingen. Ferner wird vorausgesetzt, daß der Quarz inert ist. Diese Fragen werden bei der Diskussion der eigenen Untersuchungen ausführlich erörtert.

Der Tabelle 8 ist zu entnehmen, daß der Anmachwasserbedarf für den Traßzement besonders hoch ist, damit eine normengemäße Verarbeitung des Mörtels gewährleistet werden kann. Trotz des erhöhten Wasserbedarfes, der dem Arbeitsgang zur Feststellung der hydraulischen Kennzahl nicht entspricht, ist das Ausbreitmaß des Traßzementmörtels noch um 1 cm geringer als das des Portlandzementmörtels, liegt aber im normalen Bereich. Während die Biegezugfestigkeiten des Traßzementmörtels nach 90 Tagen die Werte des Portlandzementmörtels erreichen, besteht bei den Druckfestigkeiten noch ein größerer Festigkeitsunterschied.

Tabelle 8

Festigkeitsentwicklung von Portlandzement, Traßzement und "Quarzzement" nach SPALOVSKY

	PZ	TZ 30/70	QZ 30/70
W/Z	0.60	0.70	0.60
AB [cm]	19.1	18.1	18.7
σ_{BZ} [kp/cm^2] 3 Tage	36	19	24
7 Tage	52	33	35
28 Tage	72	65	47
90 Tage	72	71	52
σ_D [kp/cm^2] 3 Tage	161	60	95
7 Tage	278	143	165
28 Tage	494	335	247
90 Tage	511	403	292
hydraul. Kennzahl (28 Tage)	100	36	0

Die Festigkeiten des "Quarzzementes" sind bis zur Prüfung nach 7 Tagen günstiger als die des Traßzementes, was auf den kleineren W/Z-Wert zurückgeführt werden muß. Nach 28 Tagen aber sind die Festigkeiten des Traßzementes wesentlich höher als die des "Quarzzementes".

Ganz im Gegensatz zu der oben angegebenen Ansicht SPALOVSKY'S steht die hier wörtlich wiedergegebene Meinung FAEHNDRICH'S [84] über die Beziehung zwischen rheinischem und steirischem Traß:

"Traß aus Gossendorf in der Steiermark ist nicht nur ein wertvoller Zuschlagstoff zur Bereicherung des Feinstkornes, sondern im Gegensatz zum rheinischen Traß auch als Bindemittel anzusprechen".

Bevor der Verfasser obiger Zeilen zu dieser Folgerung kommt, hätte er sich doch besser etwas gründlicher in der Fachliteratur umsehen sollen.

Sehr klar zeigt FRITSCH [79] die Festigkeitseigenschaften des steirischen Trasses auf. Er weist auch auf die langsame Festigkeitszunahme hin und erwähnt, im Einklang mit SPALOVSKY, daß zwischen der 28- und 90-Tage-Prüfung der Traßzement 20/80 eine doppelt so große Festigkeitszunahme wie der entsprechende Portlandzement hatte. Wie auch andere Forscher, so fand auch FRITSCH die besonders festigkeitssteigernde Wirkung des Trasses bei mageren Mischungen. Im allgemeinen werden nach einem Jahr die den reinen Portlandzementen entsprechenden Festigkeiten erreicht. Eine genaue Untersuchung des steirischen Trasses ergab für diesen in fetten Mischungen optimale Festigkeitsergebnisse bei 12 bis 15 %igem Portlandzementersatz durch Traß (maximal 20 %). Für magere Mischungen (weniger als 270 kg Bindemittel pro m^3 Beton) ergab sich ein 20 bis 25 %iger Ersatz des Portlandzementes durch Traß als Optimum

Gute Festigkeitsergebnisse erzielten auch CERESETO und RIO [85], die mit italienischen Puzzolanen arbeiteten.

Von besonderem Interesse dürfte noch die Arbeit von DAVIS [86] in Hinblick auf die Festigkeitsentwicklung der Puzzolanzemente sein. Nach Angaben von DAVIS können bis zu 25 % des Zementes durch Puzzolanen ersetzt werden. Ein optimaler Ersatz muß durch Langzeitversuche ermittelt werden. Diese Versuche müssen für eine ausreichende Anzahl von Puzzolanproben oder Puzzolanklassen durchgeführt werden. Zusammen mit den Ergebnissen der Kurzzeitversuche erlauben diese Ergebnisse dann verbindliche Aussagen über den Prozentsatz des Zementes zu machen, der durch Puzzolanen ersetzt werden kann.

Nach den gemachten Erfahrungen hängt ein optimaler Ersatz von der Natur und der Feinheit des Puzzolanes, vom Typ und der Feinheit des Portlandzementes, sowie vom Charakter und vom Grad der Zusammensetzung und den Eigenschaften des Mörtels, die verbessert werden sollen, ab. Als Beispiel gab DAVIS den Portlandzementersatz durch Diatomeenerde an. Für feingemahlene, unkalzinierte Diatomeenerde beträgt der optimale Ersatz 4 bis 5 %, für magere Mischungen im Massenbau 12 bis 15 %.

Dagegen beträgt der Ersatz für kalzinierte, opaline Schalen und einige kalzinierte Tone in Baukonstruktionen bis 10 bis 15 %, für Betonfundamente 25 bis 35 %, für Rohrleitungsbau 35 % und für Dämme 50 %.

Ferner kommt DAVIS zu der Feststellung, die unter anderen GRAF schon äußerte, daß Puzzolanen bei mageren Mischungen wirksamer als bei fetten Mischungen sind.

Faßt man die Ergebnisse der einzelnen Untersuchungen zusammen, so kann man über die Festigkeiten der Mörtel mit Puzzolanzusätzen oder -zuschlägen sagen, daß ein günstiger Einfluß auf die Mörtel- und Betonfestigkeiten durch Puzzolanzuschläge (Traßzuschläge) allgemeine Anerkennung findet. Spricht man allerdings von einem Portlandzementersatz durch Puzzolanen, so zeigt uns die Literatur, daß hier die Wirksamkeit der Puzzolanen auf die Festigkeiten von Mörtel und Beton auf Grund der verschiedensten Untersuchungen stark angezweifelt, ja sogar als nicht vorhanden geschildert wurde. Auf Grund der neueren Untersuchungen und auch einiger früherer Versuche kann man aber zeigen, daß es auch im Hinblick auf die Festigkeiten gerechtfertigt ist, einen bestimmten Prozentsatz von Portlandzementen durch Traß bzw. Puzzolanen zu ersetzen.

2.42 Abhängigkeit der Festigkeiten vom W/Z-Faktor

Über den Einfluß des W/Z-Faktors bei der Betonherstellung wurde schon sehr früh gearbeitet. 1888 wurde in der Tonindustrie-Zeitung [87] über eine Arbeit berichtet, die das folgende Ergebnis erbrachte:

"Viel Wasser bedingt eine langsame Betonerhärtung. Nach einigen Monaten werden jedoch die Festigkeiten erdfeucht eingeschlagener Mörtel nahezu erreicht".

LEDUC [88] kommt nach seinen Untersuchungen zu dem Schluß, daß man besser mit wenig Wasser arbeitet.

In einer anderen Arbeit beschäftigt sich BACH [89] mit dem Wasserzusatz bei der Betonherstellung und erklärt abschließend, daß die "eben noch zur Stampfbetonherstellung ausreichende Menge Wasser am günstigsten sei". GEHLER [90] gibt an, daß der W/Z-Faktor bei 300 kg Mindestzementgehalt im Eisenbeton nicht größer als 0.6 bis 0.7 sein dürfe.

Was nun im Hinblick auf die Puzzolanen von Bedeutung sein könnte ist folgendes: Wie ist der Wasserbedarf bei einem Zusatz von Traß bzw. Puzzolanen zum Zement? Dabei interessiert nicht allein der Wasserbedarf sondern das gesamte Verhalten des Mörtels oder Betons gegenüber Wasser bei Anwesenheit von Traß. Hierzu gehört das Wasserrückhaltevermögen und im besonderen die Wasserabstoßung.

KRISTEN und PIEPENBURG [91] fanden ebenfalls eine Abhängigkeit der Druckfestigkeit vom W/Z-Faktor. Die Festigkeit von Puzzolanmörteln konnte durch dauerndes Anfeuchten des Mauerwerkes erhöht werden.

DAVIS [86] untersuchte in seiner schon erwähnten Arbeit auch das Verhalten der einzelnen Puzzolanen gegenüber Wasser und fand, daß der Wasserbedarf für kalzinierte, opaline Materialien größer ist als für vulkanische Gläser, wie z.B. Pumizite. Flugaschen erbringen eine geringe Abnahme des Wasserbedarfs trotz ihres größeren Volumens. Einige chemische Agenzien, die luftporenbildend wirken, setzen ebenfalls den Wasserbedarf herab. Hierbei ist es interessant, daß diese Stoffe bei Gegenwart von Puzzolanen wirksamer als bei den reinen Zementen sind.

ALEXANDER [92] untersuchte in einer umfangreichen Arbeit die Reaktionsfähigkeit von Diatomeenerde und fand hierbei auch wieder, daß der W/Z-Faktor unbedingt berücksichtigt werden müsse. Er führte seine Untersuchungen an Puzzolan-Kalk-Mörteln durch und fand bei Anfangswasserzementfaktoren von 0.1 bis 0.4 einen Festigkeitsanstieg, wobei zwischen Anfangs- W/Z-Faktor und Festigkeit eine lineare Beziehung besteht. Die Festigkeitszunahme wird dabei von einer 20 %igen Dichtigkeitszunahme begleitet. Außerdem nehmen die Prüfkörpergewichte um 5 % zu. Die Prüfkörper wurden bei diesen Versuchen luftdicht gelagert, so daß kein Wasserverlust eintreten konnte.

Weiterhin wurden Mörtelprismen mit einem W/B-Faktor größer als 0.45 hergestellt. Die gestampften Mörtel wurden unter Wasser gelagert. Der höchste W/B-Faktor von 0.65 wurde an relativ grobstrukturigen Mörteln geringen Anfangswassergehaltes festgestellt. Wird der W/B - Faktor grösser als 0.45, so fallen die Festigkeiten mit steigendem W/B wieder ab.

Die graphische Auswertung dieser Versuche zeigt die Abbildung 2, auf der die Druck- und die Zugfestigkeiten gegen die W/B-Faktoren aufgetragen wurden. Das Puzzolan:Kalk:Zuschlagstoff-Verhältnis war 1 : 1 : 2.

Es ist noch darauf hinzuweisen, daß die günstigen Druckfestigkeiten über 350 kp/cm² und die günstigsten Zugfestigkeiten über 50 kp/cm² betrugen.

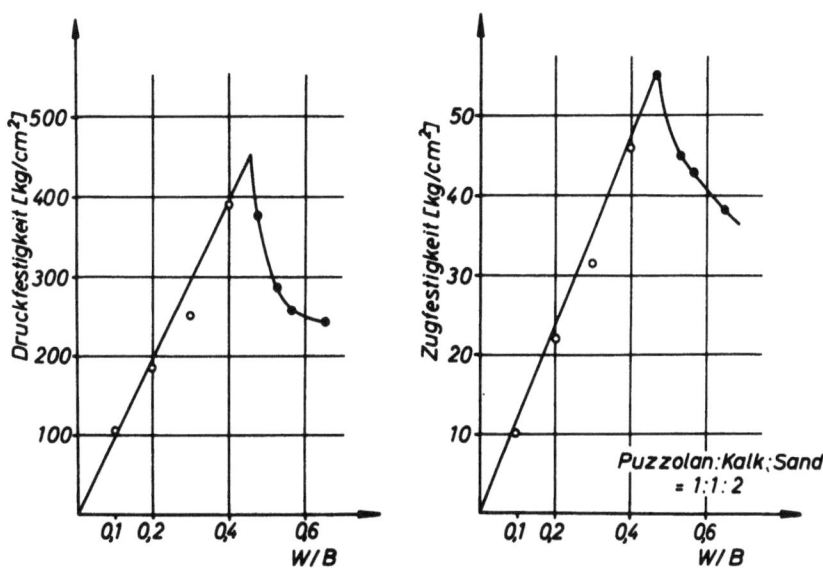

Abbildung 2

Druck- und Zugfestigkeiten von Puzzolankalkmörteln in Abhängigkeit vom W/B-Faktor nach Versuchen von ALEXANDER

Faßt man die Ergebnisse der einzelnen Autoren zusammen, so ist zu folgern, daß bei der Beurteilung der Reaktionsfähigkeit von Puzzolanen nach ihrem hydraulischen Erhärtungsvermögen der Anmachwasserbedarf berücksichtigt werden muß. Auf diesen Umstand weist FRITSCH [79] besonders hin:

"Eine häufige Fehlerquelle bei der Beurteilung von Vergleichsergebnissen bildet der Umstand, daß ein Puzzolangemisch fast immer einen anderen Wasseranspruch aufweist als der Portlandzementbeton".

Im Zusammenhang damit weist er auf die Verringerung der Festigkeiten bei erhöhten Wasserzusätzen hin, wie sie bei den Traßzementen beobachtet werden.

Gesetzmäßigkeiten zwischen dem Wasserzementfaktor und den zu erwartenden Mörtel- und Betonfestigkeiten stellten zunächst ABRAMS [93], GRAF [94] und HUMMEL [95] fest. In neuerer Zeit wurde dieses Problem in der schon zitierten Arbeit von ALEXANDER [92] bearbeitet und ausführlich diskutiert. Die Ergebnisse der Untersuchungen ließen in aller Deutlichkeit die Bedeutung des W/Z-Faktors, gerade bei der Beurteilung der Reaktionsfähigkeit von Puzzolanzementen oder auch der reinen Puzzolanen erkennen.

2.43 Verarbeitbarkeit und Wasserrückhaltevermögen

Als wichtige Kenngrößen der Mörtel und Betone müssen auch die Messungen der Verarbeitbarkeit und des Wasserrückhaltevermögens betrachtet werden. Zur Bestimmung der Verarbeitbarkeit wird außer dem Ausbreittisch nach HAEGERMANN das Gerät nach WUERPEL [96], das sich in den kürzlich veröffentlichten Versuchen zur Ermittlung des Einflusses von Farbpigmenten und LP - Stoffen auf die Verarbeitbarkeit von Normenmörteln von LUDWIG und SCHWIETE [97] gut bewährte, mit verwendet. Ein weiteres gebräuchliches Gerät zur Bestimmung der Verarbeitbarkeit ist das Powers-Gerät. Für die Ermittlung der Verarbeitbarkeit von Rüttelbeton beschreibt LOSINGER [98] ein automatisches Rüttelprüfgerät, das die Setzungskurven des Betons in Abhängigkeit von der Zeit aufzeichnet.

In der Arbeit von LUDWIG und SCHWIETE werden die wichtigsten Komponenten der Verarbeitbarkeit (Verformbarkeit, Klebrigkeit, Thixotropie, Rheopexie, Dilatanz, usw.) aufgeführt und erklärt. In diesem Zusammenhang wurde darauf hingewiesen, daß die Verarbeitbarkeit eine Vielzahl von Einzelbegriffen einbezieht.

Untersuchungen an Normenmörteln, bei denen der Portlandzement kontinuierlich durch Traß ersetzt wurde, zeigten, daß nach den Untersuchungsmethoden von WUERPEL und POWERS bei 6 bis 8 % Traßgehalt ein Maximum der Verarbeitbarkeit liegt.

Bei höheren Traßzusätzen nahm die Verarbeitbarkeit wieder ab. Die Verbesserung der Verarbeibarkeit durch geringe Traßzusätze ist dabei u.a. auch als Korngrößeneffekt aufzufassen.

In einer neueren Arbeit griff KREMSER [99] das Problem der Verarbeitbarkeit von Traßzementbeton auf. Er weist dabei auf die bekannte Tatsache hin, daß sowohl zu trockener als auch zu plastischer Beton zur Entmischung neigen. Zur Verhinderung der Entmischung wird am günstigsten mit schwach plastischer Konsistenz gearbeitet. Dieser Bereich ist mit Hilfe des Ausbreitmaßes, wie der Abbildung 2 zu entnehmen ist, leicht aufzufinden, in dem das Ausbreitmaß als Funktion des W/Z-Wertes aufgetragen wird. Der Punkt des geringsten Ausbreitmaßes ergibt das Kohäsionsmaximum, d.h., den besten Zusammenhalt des Betons. Aus der Abbildung 3 ist zu ersehen, daß das Kohäsionsmaximum des Betons mit Traßzement 25/75 bei geringerem W/Z-Faktor liegt als das des Betons mit reinem Portlandzement, so daß man in diesem Fall eine Verringerung des W/Z-Faktors durch den Einsatz von Traß erzielt. Es muß aber darauf hingewiesen werden, daß es sich um einen mageren Beton mit nur 240 kg Bindemittel pro m³ Beton gehandelt hat. Es ist bekannt, daß sich der Einsatz von Traß bei mageren Betonen besonders günstig auswirkt.

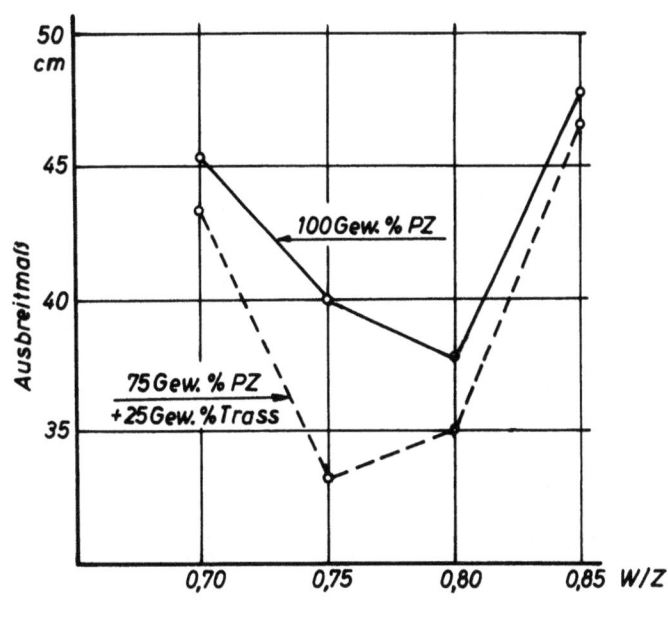

A b b i l d u n g 3

Verarbeitbarkeit (Ausbreitmaß in cm) von Beton in Abhängigkeit vom W/Z-Faktor nach KREMSER

Besondere Bedeutung muß auch dem stärkeren Wasserrückhaltevermögen der Puzzolanzemente gegenüber dem der reinen Zemente beigemessen werden. Einen günstigen Einfluß des Trasses auf die Frischbetoneigenschaften fand FRITSCH [79], der umfangreiche Untersuchungen an steirischen Trassen durchführte. Es zeigte sich, daß bei 20 bis 25 %igem Zementersatz durch Traß eine bessere Geschmeidigkeit, Rüttelwilligkeit und eine Verringerung des Wasserabstoßens, d.h., des "Blutens", erzielt wurde. In anologer Weise schildert DAVIS [86] seine an amerikanischen Puzzolanen gemachten Erfahrungen und gibt optimale Dosierungen der verschiedenen Puzzolanen (Pumizite, Diatomeenerden, Flugaschen, usw.) bei ihrer Anwendung im Massenbau oder bei anderen Bauvorhaben an.

KREMSER hat in der obenzitierten Arbeit auch den Einfluß des Trasses auf das "Bluten" von Portlandzement untersucht und konnte nachweisen, daß das "Bluten" des Portlandzementes bei Ersatz von 25 % desselben durch Traß um nahezu 50 % verringert wurde.

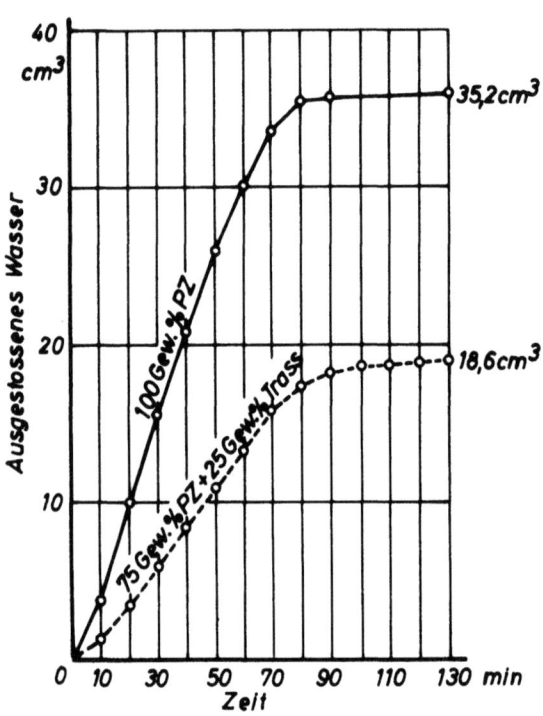

A b b i l d u n g   4

"Bleeding-Test" Messung des Wasserabstoßens (ASTM) nach Versuchen von KREMSER

Auf der Abbildung 4 wurde das vom Portlandzement und das vom Traßzement abgestoßene Wasser über der Zeit aufgetragen. Aus der Darstellung ist das bessere Wasserrückhaltevermögen des Traßzementes 25/75 deutlich zu entnehmen.

Literaturstellen, die über die Verbesserung der Verarbeitbarkeit durch Traß- bzw. Puzzolanzusätze berichten sind sehr zahlreich. Es gibt aber außer der genannten Arbeit keine in der sich Zahlenwerte für die Verarbeitbarkeit finden. Die meisten Beurteilungen der Verarbeitbarkeit scheinen mehr von Praktikern von der Baustelle zu stammen als aus exakten Meßwerten. Dies dürfte auf die Vielzahl der Einzelbegriffe zurückzuführen sein, die sich hinter dem Begriff der Verarbeitbarkeit verbergen, so daß für die Gesamtheit des Begriffes Verarbeitbarkeit bis heute kein Meßwert allgemein gültig ist und allgemein anerkannt wird.

2.5 Einfluß des Trasses auf die Aggressivbeständigkeit von Mörtel und Beton

Für die Errichtung von Wasserbauten und Meerwasserbauten, sowie von Kanalbauten und Fundamenten, die aggressiven Beanspruchungen ausgesetzt werden, ist neben dem Mischungsverhältnis, dem sorgfältigen Kornaufbau des Betons auch die Wahl des Zementes von größter Bedeutung.

Nach HUMMEL und DICKERSBACH-BARONETZKY [100] werden drei Arten der Einwirkung aggressiver Lösungen auf den Beton unterschieden:

1. Chemische Wirkung,
2. chemische, verbunden mit physikalischer Wirkung und
3. physikalische Wirkung.

Der chemische Angriff aggressiver Lösungen ist eine Folge der Löslichkeit des hydratisierten Zementes oder auch nur einzelner Hydrate, die sich unter Bildung neuer Phasen mit dem Lösungsmittel umsetzen können. Der physikalische und chemische Angriff wird dagegen durch eine mechanische Beanspruchung des Betonkörpers hervorgerufen, die auf einen Kristallisationsdruck gelöster Salze oder aber auch auf die bekannte Reaktion zwischen opalhaltigen Zuschlagstoffen und den Alkalien des Zementes zurückzuführen ist.

Als aggressive Lösungen sind nicht allein sulfathaltige Wässer, wie z.B. Meerwasser, oder CO_2-haltige Wässer (Moorwasser), Haushaltsabwässer oder industrielle Abwässer anzusehen, sondern auch weiche reine Wässer (Regenwasser).

Bei der Hydratation der Zemente entstehen aus den Klinkermineralien Kalziumsilikathydrate, Kalziumaluminiumhydrate bzw. Ferrite und freies Kalziumhydroxyd. Das Kalziumhydroxyd entsteht einmal aus dem freien Kalk des Zementes und außerdem bei der Hydrolyse der Klinkermineralien C_3S und $\beta\text{-}C_2S$, die sich mit Wasser unter Bildung kalkärmerer Kalziumsilikathydrate umsetzen. Da das C/S-Verhältnis der gebildeten Kalziumsilikathydrate gleich oder kleiner als 1.5 ist, muß besonders bei der Hydratation des Portlandzementes mit größeren Mengen freien Kalkes gerechnet werden.

Erster Angriffspunkt für aggressive Wässer ist die Löslichkeit des Kalziumhydroxydes, da in reinem Wasser bei 20 °C 1.18 g/l CaO löslich sind. In weit größerem Maße ist der freie Kalk im Zementstein bei Anwesenheit von CO_2 im Wasser löslich, da sich in diesem Falle das leicht lösliche $Ca(HCO_3)_2$ ($L_{20°C}$ = 380 g/l) schon bei CO_2-Gehalten von 8 bis 10 mg/l bilden kann. Daß schon diese geringe Menge zu erheblichen Betonzerstörungen führen kann, wurde von PLATZMANN [101] festgestellt. Im weiteren Verlauf der Aggression werden auch die Kalziumsilikathydrate unter Abscheidung freier, unlöslicher Kieselsäure zersetzt.

In Gegenwart von $MgCl_2$ -wie es im Meerwasser in größeren Mengen vorkommt- vermag sich das freie Kalziumhydroxyd des Zementsteines unter Bildung leicht löslichen Kalziumchlorides und gallertartigem Magnesiumhydroxydes umzusetzen.

Der mittlere Salzgehalt des Meerwassers nach DURIEZ [102] ist in der Tabelle 9 zusammengestellt.

T a b e l l e   9

Mittlerer Salzgehalt des Meerwassers nach DURIEZ

	mg/l
NaCl	27200
$MgCl_2$	3800
$MgSO_4$	1650
$CaSO_4$	1250
K_2SO_4	850

In besonderem Maße schädlich ist die Anwesenheit von $MgSO_4$- haltigen Wässern, da sich der freie Kalk des Zementsteines mit ihm zu $CaSO_4 \cdot 2H_2O$ (Gips) und $Mg(OH)_2$ umsetzen kann. Weiterhin ist eine Umsetzung des Gipses mit dem C_3A oder auch den Kalziumaluminathydraten des erhärteten Zementsteines des Betons zu dem Trikalziummonosulfat-12-Hydrat ($3CaO \cdot Al_2O_3 \cdot CaSO_4 \cdot 12H_2O$) oder dem Ettringit ($3CaO \cdot Al_2O_3 \cdot 3CaSO_4 \cdot 32H_2O$) möglich. In besonderem Maße ist die große Volumenvergrößerung bei der Ettringitbildung zu fürchten. Allerdings bildet sich der Ettringit nach Untersuchungen von JONES [103, 104, 105] und DANS und EICK [106, 107] nur, wenn die Mutterlauge an Kalk gesättigt ist oder wenn höhere $CaSO_4$ - und Al_2O_3 - Konzentrationen entsprechend der nachfolgenden Tabelle 10 vorliegen. Auch muß der Sulfatgehalt der Lösung über einem bestimmten Schwellenwert liegen. Dieser geringste Sulfatgehalt muß bei 4 bis 8 mg $CaSO_4$ pro Liter Lösung liegen und darf während des gesamten Umsatzes 4 mg nicht unterschreiten. Daraus ergibt sich, daß normaler Portlandzement in Wässern mit mehr als 4 bis 8 mg $CaSO_4/l$ zerfallen muß. Als Grenzwerte, die mindestens zur Bildung des Ettringit erforderlich sind, ergeben sich nach DANS und EICK:

T a b e l l e 10

Für die Bildung des Ettringit erforderliche Mindestkonzentrationen nach DANS und EICK

	mg/l		
	Al_2O_3	CaO	$CaSO_4$
1	10.4	8.5	2055
2	64.5	195.7	11.5
3	156.1	335	8
4	2.22	1179	4

Bei Anwesenheit von Karbonationen kann sich kein Ettringit bilden, da diese die Ca^{2+}-Ionenkonzentration herabsetzen durch Ausfällung von Kalziumkarbonat.

In gleicher Weise wie gipshaltige Wässer führen auch die Alkalisulfate zur Bildung der Kalziumaluminatsulfathydrate.

Aus der Zusammenstellung dieser Forschungsergebnisse ist klar zu ersehen, welche Bedeutung der Wahl eines geeigneten Zementes bei den Bauwerken zukommt, die der Einwirkung aggressiver Wässer ausgesetzt sind.

Da bei allen chemischen Einwirkungen aggressiver Lösungen der freie Kalk des Zementsteines des Betons den ersten Angriffspunkt bietet oder aber der freie Kalk mit die Voraussetzung für die Bildungsmöglichkeit des Ettringites ist, werden für Wasserbauten im allgemeinen und Betonbauten in aggressiven Wässern im besonderen Zemente mit einem geringen Kalkgehalt wie z.B. Hüttenzemente, Traßzemente u.a. oder Spezialportlandzemente, vorzugsweise verwendet. Der geringe Kalkgehalt der Traßzemente wird dadurch bedingt, daß mindestens 30 % des Portlandzementes durch Traß ersetzt werden und der Traß nur 4 %, z.T. in Salzsäure unlöslichen, Kalk enthält. Außerdem wird der bei der Hydrolyse und Hydratation des Portlandzementanteiles freiwerdende Kalk weitgehend von dem Traßanteil gebunden.

Über den Mechanismus der Kalkbindung des Trasses wird im weiteren Verlauf dieser Arbeit noch näher eingegangen. Vorteilhaft für die Herstellung von Wasserbauten wirkt sich auch die große Oberfläche der Traßkomponente des Zementes aus. Dadurch wird die Wasserundurchlässigkeit des Betons verbessert. Die Neigung des Betons zur Entmischung wird durch die Verwendung von Traßzement ebenfalls verringert. Ein weiterer Vorteil der Verwendung von Traßzement gegenüber der Anwendung reinen Portlandzementes liegt in der geringeren Wärmeentwicklung des Traßzementes beim Abbinden und Erhärten. Durch diese drei Vorteile ist der Traßzement in besonderem Maße für die Herstellung von Massenbauten geeignet.

Untersuchungen über den Angriff aggressiver Lösungen auf Mörtel und Betone, die mit Traß oder anderen puzzolanartigen Stoffen hergestellt wurden, finden sich häufig in der Literatur beschrieben. Die Auswertung dieser Versuche muß bei dem Vergleich gleicher Zementsorten verschiedener Herkunft oder verschiedenen Zementarten äußerst kritisch durchgeführt werden. Die Feinheit der Zemente und die Verarbeitbarkeit der zu vergleichenden Zemente sollte gleich sein, damit die Porosität der Mörtel- und Betonprüfkörper gleich wird, wenn diese unter Verwendung gleicher Zuschlagstoffe und gleicher Wasserzusätze unter Anwendung gleicher Verdichtungsenergien hergestellt werden.

TAVASCI und RIO [108] untersuchten die Einwirkung verschiedener Salzlösungen auf zylindrische Purzementproben von 25 mm Durchmesser und 30 mm Höhe, die mit Portlandzement und Traßzement (37 % Puzzolan) gleicher Siebrückstände und gleicher spezifischer Oberflächen hergestellt wurden. Vor der Lagerung in den aggressiven Lösungen wurden die Probekörper 12 Monate in kohlensäurefreiem Wasser gelagert.

Folgende Lösungen wurden für die Versuche verwendet:
     0.15 molare Magnesiumchlorid-Lösung (14.28 g $MgCl_2$/l)
     gesättigte Kalziumsulfatlösung (1.5 g $CaSO_4$/l) und
     0.15 molare Magnesiumsulfat-Lösung (18.05 g $MgSO_4$/l)

Bei der Einwirkung von Magnesiumchlorid auf die Prüfkörper wurden folgende Veränderungen in der Lösung beobachtet (Tab. 11).

Tabelle 11

Der Einfluß von Portlandzement und Traßzement auf die Zusammensetzung der $MgCl_2$-Lösung nach TAVASCI und RIO

g/l	Beginn	5 Tage PZ	5 Tage TZ	10 Tage PZ	10 Tage TZ	30 Tage PZ	30 Tage TZ	60 Tage PZ	60 Tage TZ	250 Tage PZ	250 Tage TZ
CaO	0	3.73	1.12	5.54	1.72	6.90	2.20	6.30	2.10	5.80	3.54
MgO	6.05	3.43	5.12	1.46	3.80	0.05	2.80	0	1.94	0	0.53
Cl	17.50	10.64	10.57	9.50	8.75	8.20	7.40	8.50	6.30	7.50	5.60

Aus den Zahlenwerten der Tabelle 11 ist zu ersehen, daß sich CaO in der Lösung anreichert, während der $MgCl_2$-Gehalt der Lösung in Abhängigkeit von der Zeit abnimmt. Den Werten ist zu entnehmen, daß der Reaktionsfortschritt bei dem Portlandzement wesentlich schneller verläuft als bei dem Traßzement.

In einem weiteren Versuch wurde der Einfluß von $CaSO_4$ auf Portlandzement und Traßzement untersucht. Der SO_3-Gehalt der Lösung beträgt am Versuchsbeginn 0.88 g/l. In Abhängigkeit von der Zeit wurde folgende Abnahme der SO_3-Gehalte bei Einlagerung von Portlandzement- bzw. Traßzementprüfkörpern beobachtet:

Tabelle 12

SO_3-Aufnahme von Portlandzement und Traßzement nach TAVASCI und RIO

Zeit	SO_3-Gehalt in Lösung [g/l] PZ	TZ
Beginn	0.88	0.88
30 Tage	0.45	0.63
60 Tage	0.37	0.56
250 Tage	0.28	0.40

Aus den Versuchszahlen ist zu entnehmen, daß sowohl vom Portlandzement als auch vom Traßzement SO_3 aufgenommen wird. Es ist aber deutlich erkennbar, daß die SO_3-Aufnahme beim Traßzement wesentlich langsamer verläuft als beim Portlandzement.

Besonders gefährlich ist die Einwirkung der $MgSO_4$-Lösung auf Betone oder Mörtel, da sich das Magnesiumsulfat einerseits mit dem freien Kalziumhydroxyd des Zementsteines unter Bildung von Gips und unlöslichem Magnesiumhydroxyd umsetzen kann, andererseits der Gips bei genügend hohem p_H und ausreichender Ca^{++}-Konzentration zur Bildung der Kalziumsulfataluminate führen kann. Bei zu geringem p_H-Wert in der Lösung (durch die Ausfällung des schwer löslichen Magnesiumhydroxydes) werden die Kalziumsilikathydrate und -aluminathydrate unter Abscheidung von gelartiger Kieselsäure und Aluminiumhydroxyd zersetzt bis der Beton vollständig zerstört ist.

Die Ergebnisse der Untersuchungen bei Angriff von $MgSO_4$-Lösungen auf Portlandzement- und Traßzementpasten zeigt die folgende Zusammenstellung 13:

<u>Tabelle 13</u>

SO_3-Aufnahme von Portlandzement und Traßzement nach TAVASCI und RIO

Zeit	SO_3-Gehalt in Lösung [g/l]	
	PZ	TZ
Beginn	12.00	12.00
30 Tage	9.96	11.60
60 Tage	6.60	9.80
150 Tage	5.50	8.60
250 Tage	3.37	6.83

Aus den Versuchen ist zu ersehen, daß sich auch das Magnesiumsulfat mit Portlandzement schneller umsetzt als mit der Paste aus Traßzement.

Allgemein ist aus den Aggressivbeständigkeitsversuchen der beiden italienischen Forscher zu folgern, daß sowohl der Portlandzement als auch der Traßzement von den aggressiven Lösungen angegriffen werden, daß aber der Angriff bei der Verwendung von Portlandzement schneller voranschreitet als bei dem vergleichsweise untersuchten Traßzement.

Zur Untersuchung der Aggressivbeständigkeit untersuchte BLANKS [109] verschiedene Portlandzemente und Puzzolanzemente nach dem Merriman-Test, nach dem Zementpasten in eine 10 %ige Na_2SO_4-Lösung eingelagert werden. Als Puzzolanen fanden Diatomeenerden, Bims, vulkanische Aschen, Feinstsande und Tone Anwendung. An den Proben wurde festgestellt wie lange diese ohne sichtbare Schäden und wie lange sie ohne wesentliche Zerstörungen erhalten blieben. Diese Zeiten betrugen:

Tabelle 14

Das Verhalten verschiedener Zemente in 10 %iger Na_2SO_4-Lösung nach BLANKS

Zemente	unbeschädigt	leicht beschädigt
Normaler Portlandzement	14 Tage	1 Monat
Hochwertiger Portlandzement	14 Tage	$1^1/2$ Monate
Zement geringer Abbindewärme	$2^1/2$ Monate	12 Monate
Zement mit besonderer Widerstandsfähigkeit gegen Sulfate	3 Monate	14 Monate
Portlandzement mit verschiedenen Puzzolanzusätzen	1-3 Monate	$1^1/2$-14 Monate
Zement mit geringer Abbindewärme und Puzzolanzusätzen	4 Monate	14 Monate

Die Ergebnisse dieser Untersuchung lassen erkennen, daß die Puzzolane die Aggressivbeständigkeit der Portlandzemente wesentlich verbessern, daß aber auch bei der Anwendung von Puzzolanen noch mit einer Aggression zu rechnen ist.

PINTOR [110] hat festgestellt, daß Zementkörper, die mit Puzzolanen von Teneriffa hergestellt wurden, sich nach zweijähriger Lagerung in Meerwasser nicht verändert hatten.

Über die Verwendung von Traß beim Kanalbau in Budapest berichtet BREZKY [111]. Die Kanalbauten waren durch sulfathaltige Grundwässer, deren Sulfatgehalt bis zu 1000 mg/l betrug, besonders gefährdet, so daß die Portlandzementbetone z.T. schon nach 4 Jahren zerstört waren. Ein Beton mit einem Portlandzementanteil von 260 kg und 60 kg Traß pro m^3 war dagegen noch nach 14 Jahren einwandfrei. Daraufhin fand der Traß im städtischen Kanalbau laufend Anwendung, wobei meistens 25 % des Portlandzementes durch Traß ersetzt wurden. Der Mahlfeinheit des Trasses wurde bei diesen Bauten besondere Aufmerksamkeit gewidmet.

Besonders bemerkenswert sind die Untersuchungen von OSTENDORF [112], der sehr aufschlußreich über mit Kalk-Traß-Zement-Beton erzielte Festigkeiten im Massenbau berichtet. Während im 40 Jahre alten Kanalhafen Wanne-West der Zementbeton völlig zerfressen war ("ließ sich mit dem Spaten stechen"), war eine Schleuse aus Kalk-Traß-Zement-Beton völlig gesund wie mit Hilfe von Bohrkernen festgestellt werden konnte.

WALZ [113] berichtet über Untersuchungen, bei denen Mörtelproben mit
Zement, Kalk und Traß in 0.2 %ige Natriumsulfatlösungen halbeingetaucht
gelagert wurden. Aus den in der Arbeit gezeigten Abbildungen ist zu ersehen, daß nach $5^{1}/2$ jähriger Lagerung in dieser Lösung an den Prüfkör-
pern keine erkennbaren Zerstörungen aufgetreten waren.

Über die guten Erfahrungen der Anwendung von Traß im Kanalbau bei der
Stadt Köln berichtet KREMSER [114]. Als weitere Bauten, bei denen Traß
zur Verbesserung der Aggressivbeständigkeit des Betons verwendet wurde,
nennt er eine Buhne am Westrand von Sylt. Hier betrug das Mischungsverhältnis des Betons 1 Raumteil Eisenportlandzement, 1/4 Raumteil Traß
und $2^{1}/2$ Raumteile Sand. Weiterhin wurden die Uferschutzbauten von Helgo-
land und die Nordschleuse von Bremerhaven weitgehend unter Verwendung
von Traß gebaut. Bei den aufgeführten Bauten hat sich der Einbau von
Traßzementbetonen gut bewährt.

In seinem Aufsatz "Talsperren und Talsperrenpläne im Wuppergebiet" weist
MÖHLE [115] darauf hin, daß die von Professor INTZE bis zum Beginn des
1. Weltkrieges gebauten Talsperren im Wuppergebiet als Gewichtsmauern
ausgeführt wurden. Das Mauerwerk bestand aus Bruchsteinen, meist Grau-
wacke oder Grauwackenschiefer, die mit Kalktraßmörtel vermauert wurden.

Beim Bau der Rannatalsperre machte FAEHNDRICH [84] die folgenden Beobachtungen:

Beton mit 15 - 20 % Traß ist dichter als Beton ohne Traß.
Beton mit 25 % Traß ist ebenso dicht wie Beton ohne Traß.
Beton mit 30 % Traß ist weniger dicht als Beton ohne Traß.

Bei der Auslaugung mit Rannawasser wurden aus Beton mit 300 kg Zement
pro m^3 Beton in 3 Wochen 2.9 % Kalk ausgelaugt. Bei Anwendung von 250 kg
Zement und 50 kg Traß betrug die Auslaugung in der gleichen Zeit nur
1.9 %.

Eine Verbesserung der Widerstandsfähigkeit der Zemente gegen aggressive
Wässer durch Zusatz von Traß beobachteten u.a. GRAF [57], BATES [76],
SANTARELLI [107] und TSCHECH und JABUREK [108]. Dabei führten auch die-
se Autoren die Verbesserung der Aggressivbeständigkeit der Betone durch
Traß-bzw. Puzzolanzusatz auf die erhöhte Betondichte und auf die Ver-
ringerung des CaO-Gehaltes zurück.

Faßt man die Ergebnisse aller Autoren zusammen, so ist daraus zu folgern, daß ein Zusatz geeigneter Puzzolanen bei optimaler Dosierung derselben eine wesentliche Verbesserung der Aggressivbeständigkeit des Betons erbringt. Dabei ist die Verbesserung in erster Linie eine Folge des verringerten CaO-Gehaltes und der erhöhten Betondichte. Die gute Haltbarkeit von Betonen, die mit Traß in Verbindung mit Portlandzementen oder Hüttenzementen verarbeitet wurden, kommt in verschiedenen Arbeiten zum Ausdruck. Gut bewährt hat sich bei Wasserbauten auch die Verwendung eines Dreistoffgemisches als Bindemittel, das aus Portlandzement, Traß und Kalk bestand

2.6 Einfluß des Trasses auf die Hydratationswärme von Normenzementen

Als eine geschätzte und erwünschte Eigenschaft wird in der Literatur die Verminderung der Hydratationswärme durch den Ersatz eines Teiles des Portlandzementes durch Puzzolanen bzw. Trasse erwähnt. Die besondere Bedeutung der Hydratationswärme bei der Erstellung von Massenbauwerken ist bekannt und führte in Amerika zu der Entwicklung von Spezialzementen wie Low-Heat-Zement, aber auch zu der verstärkten Anwendung geeigneter Puzzolanen. Über die Verringerung der Abbindewärme berichtet u.a. BLANKS [118]. JABUREK [80] teilte mit, daß die Bindung des freien Kalkes durch den Traß ohne Wärmeentwicklung vor sich geht. Weitere Autoren, die über den günstigen Einfluß der Trasse auf die Wärmeentwicklung im Beton berichten, sind CERESETO und RIO [85] sowie FRITSCH [79].

Beim Hungry-Horse-Damm in Amerika wurde errechnet, daß durch Flugaschenanteil im Zement die Wärmeentwicklung des Zementes um 40 bis 50 % verringert wurde [119].

Aus diesen Untersuchungen geht hervor, daß durch den Ersatz eines Teiles des Zementes durch Traß die Hydratationswärme herabgesetzt werden kann. Angaben über die Höhe des absoluten Wertes der Hydratationswärme werden in der Literatur nicht gemacht, da die genormten lösungskalorimetrischen Meßmethoden bei der Untersuchung von Puzzolanzementen versagen, weil die Puzzolanen und deren Hydratationsprodukte z.T. schwerlöslich oder gar unlöslich sind. So ist man bei der Untersuchung von Puzzolanzementen auf die Direktkalorimetrie angewiesen. Bei der späteren Beschreibung der eigenen Untersuchungen wird ein von SCHWIETE und HUMMEL entwickeltes adiabatisches Kalorimeter beschrieben.

Die mit diesem Gerät erhaltenen Versuchswerte werden mitgeteilt.

2.7 Bindung des freien Kalkes durch den Traß

Das Studium der Bindung des freien Kalkes durch den Traß war Gegenstand vieler Arbeiten. Auf die Untersuchungen von RODT [120] soll näher eingegangen werden. Er zog zur Bestimmung des freien Kalkes die Methode nach EMLEY [121] heran, bei der der freie Kalk als Kalziumglyzerat $(C_3H_5(OH)(O)_2Ca)$ gebunden und mit Ammoniumazetat titrimetrisch bestimmt wird. Den Einfluß des Wassers im Glyzerin untersuchte RATHKE [122], der feststellen konnte, daß 5 % Wasser im Glyzerin zu einer Erhöhung des freien Kalkes im Zement um 0.85 % CaO führt. RODT konnte dieses Ergebnis widerlegen. Die mit Hilfe der EMLEY'schen Methode festgestellten Ergebnisse an Zement- und Traßzementkuchen und -mörteln führten wegen der zusätzlichen Kalkbindung durch die Kohlensäure zu keinem auswertbaren Resultat. Seine Untersuchungen an Traß-Kalk-Gemischen unter Berücksichtigung des durch die Kohlensäure gebundenen Kalkes hatte folgendes Ergebnis (Tabelle 15):

T a b e l l e 15

Kalkbindung verschiedener Trasse nach RODT

Traßsorte	von 1 g Traß gebundenes Ca(OH)$_2$ in mg		
	9 Tage	1 Monat	6 Monate
Ettringer Traß	75	155	229
Nettetaler Traß	85	144	191
Bayrischer Traß	60	149	158
Rhön Traß	56	109	184

Die Festigkeitsuntersuchungen an den Traß-Kalk-Mörteln ergaben keinen Zusammenhang zwischen der Kalkbindung der Trasse und den gefundenen Festigkeiten, die bis zu einem Prüfalter von 28 Tagen bestimmt wurden.

Bei einer Wiederholung der Kalkbindungsversuche arbeitete RODT [123] unter Kohlensäureausschluß und wendete zur Bestimmung des freien Kalkes die von SCHLÄPFER und BUKOWSKI [124] entwickelte Glykolmethode an. Der freie Kalk wird bei dieser Methode als Äthylenglykolat gebunden und mit 1/10 n Benzoesäure gegen einen Indikator, der auf 100 cm^3 abs. Alkohol 0.15 g Naphtholphthalein und 0.10 g Phenolphthalein enthält, titriert. Bei diesen Versuchen ergaben sich für den ohne und mit Traßzusatz versehenen Portlandzement, auf den geglühten Zementanteil bezogen, folgende Mengen an freiem Kalk Tabelle 16).

Tabelle 16

Freier Kalk in Portlandzement- und Traßzementkuchen nach RODT

Zement	mg CaO pro g geglühtem Zement		
	1 Monat	3 Monate	6 Monate
100 PZ "S"	154	165	142
100 PZ "S" + 33.3 Tr.	161	167	142
100 PZ "P"	153	151	128
100 PZ "P" + 33.3 Tr.	154	151	129

Es ergab sich aus diesen Versuchen keine Bindung des freien Kalkes durch die Traßzusätze.

Dagegen liegt die gefundene Höhe der Traß-Kalk-Bindung für die Untersuchungen an Traß-Kalk-Gemischen wieder in der gleichen Größenordnung der vorher beschriebenen Versuche. Aus den Untersuchungen konnte weiter entnommen werden, daß der Hydratwassergehalt der Trasse in keinem gesetzmäßigen Zusammenhang mit der Kalkbindung und den Traßnormenfestigkeiten steht. Die nachfolgenden Zahlen sollen das Gesagte belegen:

Tabelle 17

Untersuchungen an Trassen nach Rodt

Traßsorte	Hydratwassergehalt [%]	Kalkbindung nach 6 Monaten [mg/g Traß]	Traßnormenfestigkeiten nach 28 Tagen σ_Z σ_D [kp/cm^2]	
Ettringer Traß	7.0	143	24	199
Nettetaler Traß	7.5	175	27	178
Brohler Traß	7.1	210	21	160
Rhön Traß	5.7	154	17	56

Untersuchungen von BIEHL und WITTEKINDT [51] mit dem Ziel, den zeolithischen Charakter der Trasse nachzuweisen, zeigten, daß beim Schütteln der Trasse, je nach ihrer Güte, außer der zum Austausch erforderlichen Kalkmenge noch zusätzlich Kalk verbraucht wurde. Die Verfasser führten dieses Verhalten auf eine zusätzliche Kalkabsorption zurück. In einer weiteren Arbeit bestimmte WITTEKINDT [51] den Gehalt an freiem Kalkhydrat in Zementkuchen von Portlandzement, Traßzement 30/70 und 50/50, Eisenportlandzement und Hochofenzement, der bei den Hydratationsreaktionen entsteht. Zur Bestimmung des freien Kalkes wurde die Methode nach KONARZEWSKI und LUKASZEWICZ [125] verwendet, bei der der freie Kalk als Phenolat gelöst und mit HCl gegen Methylorange titriert wird. Weiter wurde auf CO_2-Abschluß geachtet. Die aus dem Traß als Phenolate gelösten Alkalien wurden berücksichtigt. Bei der Wasserlagerung der Proben wurden jeweils zu dem Prüftermin ein Stück von den Proben abgeschlagen, getrocknet und untersucht. Folgende maximale und minimale Gehalte an freiem Kalk wurden in den einzelnen Zementen gefunden (Tabelle 18):

Tabelle 18

Kalkabspaltung verschiedener Zemente nach WITTEKINDT

Zementmarke	Prüfalter (Wochen)	% freies $Ca(OH)_2$ in Zementen
Portlandzement	4	7.29
Portlandzement	40	13.55
Traßzement 30/70	40	2.50
Traßzement 30/70	24	9.80
Traßzement 50/50	40	0.25
Traßzement 50/50	24	3.25
Eisenportlandzement	40	3.52
Eisenportlandzement	4	5.94
Hochofenzement	40	1.32
Hochofenzement	16	4.86

Der Einfluß des Trasses auf die Abnahme des Gehaltes an freiem Kalk ist aus diesen Versuchen deutlich zu erkennen. WITTEKINDT gibt jedoch in seiner Arbeit keinen Hinweis darauf, ob er in den Traßzementkuchen berücksichtigt hat, daß in ihnen nur 70 bzw. 50 % Portlandzement enthalten sind, was für die Errechnung der Kalkbindung durch den Traß von Bedeutung ist.

Weitere Versuche wurden mit Traß-Kalk-Mischungen durchgeführt, wobei die Traßproben auf eine Feinheit kleiner 90μ vermahlen wurden.

Die bei diesen Versuchen von WITTEKINDT erhaltenen Werte der Kalkbindung durch die einzelnen Trasse wurden in der genannten Arbeit in Prozent, bezogen auf die zur Zeit der Prüfung vorliegende Konzentration an freiem Kalk $(Ca(OH)_2)$, angegeben. Durch fortschreitende Karbonatisierung wird aber der Gehalt an freiem Kalziumhydroxyd ebenfalls herabgemindert und somit die Bezugsgröße laufend verändert. Um diesen Fehler zu eliminieren, wurden in der folgenden Zusammenstellung die von WITTEKIND gefundenen Werte der Kalkbindung umgerechnet und in mg CaO pro g Traß ausgedrückt (Tabelle 19):

Tabelle 19

Werte der Kalkbindung verschiedener Trasse nach WITTEKINDT.
Von den Verfassern umgerechnet.

Lagerungsdauer	Kalkbindung in mg CaO/g Traß		
	rheinischer Traß		bayrischer Traß
Wochen	Nettetal [mg]	Brohltal [mg]	[mg]
4	338	396	170
12	370	460	211
20	381	491	215
36	460	580	218

Den Werten ist die beträchtliche Kalkbindung der rheinischen Trasse zu entnehmen, wobei der Brohltaler Traß noch besser abschneidet als der Nettetaler. Die Kalkbindung des bayrischen Trasses beträgt nach den Untersuchungen nahezu die Hälfte von der der rheinischen Trasse. Leider liegen im Falle dieser Beobachtungen keine Analysen der verwendeten Trasse vor, so daß die Ergebnisse nicht direkt mit denen der eigenen Untersuchungen verglichen werden können.

MALQUORI [126] untersuchte die Kalkbindung italienischer Puzzolane und fand, daß die untersuchten Puzzolane je nach ihrer Aktivität 40 bis 70 % CaO, bezogen auf das Gewicht des Puzzolanes, binden können. Dabei arbeitete der Verfasser mit gesättigten Kalklösungen.

STRÄTLING [127] untersuchte die Kalkbindung von verschiedenen Brennstufen des Kaolinites und fand, daß im Bereich von 500 bis 800°C gebrannter Kaolinit am reaktionsfähigsten war. Die verschieden hoch gebrannten Kaolinite wurden in kalkgesättigtem Wasser bei 20°C geschüttelt und die Kalkaufnahme durch maßanalytische Untersuchungen der Schüttellösung laufend ermittelt.

Die so bestimmte Kalkbindung des kalzinierten Kaolinites, der bei 500, 600, 700 und 800° C gebrannt worden war, betrug nach über 1400 Stunden Schütteldauer etwa 757 mg CaO pro g kalzinierten Kaolinit. Anders ausgedrückt bindet 1 Mol gebrannter Kaolinit maximal 3 Mole CaO. Die Ergebnisse der Langzeitversuche, die STRÄTLING durchführte, gibt die Tabelle 20 wieder. Die graphische Auswertung dieser Versuche zeigt die Abbildung 5:

T a b e l l e 20

Kalkbindung verschiedener Brennstufen des Kaolinits nach STRÄTLING

Brennstufe							
110°	Zeit i.st.	428	1440				
	CaO mg/g	30,0	76,8				
400°	Zeit i.st.	286	428	1440			
	CaO mg/g	28,6	45,7	101			
500°	Zeit i.st.	111	286	428	607	1057	1440	1440
	CaO mg/g	94,8	282	510	582	671	714	616
600°	Zeit i.st.	111	286	428	607	1440		
	CaO mg/g	103	286	507	657	779		
700°	Zeit i.st.	111	286	350	356	428	500	
	CaO mg/g	97,3	302	412	470	559	577	
	Zeit i.st.	505	607	1057	1084	1440		
	CaO mg/g	586	649	729	703	725		
800°	Zeit i.st.	286	428	614	776	1440	1484	
	CaO mg/g	250	482	638	686	813	723	
900°	Zeit i.st.	286	350	428	936	1440		
	CaO mg/g	126	160	215	332	454		
1000°	Zeit i.st.	286	428	776	1536			
	CaO mg/g	31,7	63,4	105	165			
1100°	Zeit i.st.	286	428	1440				
	CaO mg/g	38,4	65,5	169				

Der Abbildung ist der Verlauf der Kalkbindungsreaktion gut zu entnehmen. Der Kaolinit im Anlieferungszustand und die bei 400, 1000 und 1100 und auch die bei 900° C gebrannten Proben zeigen ein wesentlich geringeres Kalkbindungsvermögen als die im Bereich von 500 bis 800° C gebrannten Kaolinite.

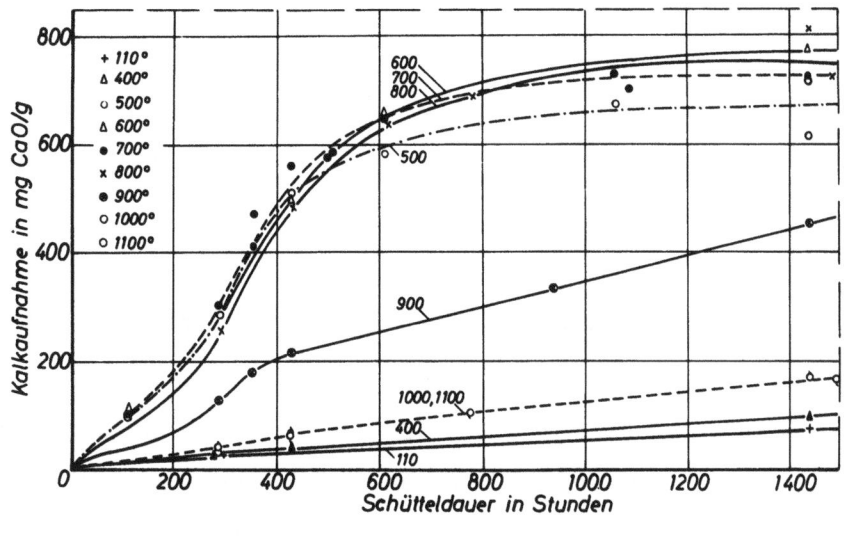

Abbildung 5

Kalkbindung verschiedener Brennstufen des Kaolinits nach STRÄTLING

Diese stark aktiven Proben haben eine S-förmig geschwungene Kalkbindungslinie, die nach anfänglich geringem Kalkumsatz steil ansteigt (im Bereich von 200 bis 600 Std.), um sich dann assymptotisch dem Bereich der maximalen Kalkaufnahme zu nähern.

STRÄTLING erklärt den Bereich anfänglicher geringerer Kalkbindung durch einsetzende chemische Reaktionen. Aus den Messungen der Kalkbindung und aus den kalorimetrischen Messungen der Adsorptionswärme und der Benetzungswärme (Gesamtwärmetönung = 1.71 cal/g Adsorbens) konnte entnommen werden, daß die bei 500° C gebrannte Probe am reaktionsfähigsten war. Diese letzteren Untersuchungen dürften von besonderem Interesse in Hinsicht auf die eigenen Untersuchungen mit dem adiabatischen Kalorimeter sein, da auch hier den ablaufenden Traß-Kalk-Reaktionen nur sehr geringe Wärmetönungen zugeschrieben werden können.

Die früheren Untersuchungen der Kalkbindung durch die Puzzolanen führten also zu dem Ergebnis, daß RODT bei Zementen keinen Einfluß des Trasses auf die Verringerung des freien Kalkgehaltes fand, während WITTEKINDT eine Kalkbindung durch die Zusätze an Traß eindeutig nachweisen konnte.

Die Untersuchungen der Kalkbindung an Puzzolan-Kalk-Mischungen führten zu maximalen Kalkaufnahmen von 120 bis 700 mg CaO pro g Puzzolan, wobei die höchsten Werte von MALQUORI für italienische Puzzolane angegeben wurden. Der beste rheinische Traß hatte nach WITTEKINDT eine Kalkbindung von 580 mg CaO und das Vergleichsmaterial aus Bayern eine Kalkaufnahme von 218 mg CaO pro g Traß.

Die maximale Kalkaufnahme der reaktionsfähigsten Brennstufen des Kaolinites wurden von STRÄTLING zu etwa 750 mg CaO pro g gebranntem Kaolin ermittelt.

2.8 Bei den Traß-Kalkreaktionen entstehende mögliche Neubildungen

Die schon früher zitierten Arbeiten von LUNGE [49], STEOPOE [50], BIEHL und WITTEKINDT [51] und TANNHÄUSER [30] führten die hydraulische Erhärtung auf die in den rheinischen Trassen gefundenen Zeolithe bzw. Sodalithe zurück. Dabei war aber nach BIEHL und WITTEKINDT das Basenaustauschvermögen der Trasse größer als das der natürlich vorkommenden Zeolithe. Sie folgerten daher, daß die hydraulisch wirksamen Trasse eine zusätzliche Menge Kalk adsorbieren können.

Italienische Forscher richteten ihre Aufmerksamkeit auf die Glasphase der Puzzolane. So untersuchten PARRAVANO und CAGLIOTTI [128] die Zusammensetzung der aktiven Glasphase römischer Puzzolane und fanden, daß diese der des Labradorites sehr nahe kommt. Andere Puzzolane liegen in ihrer Zusammensetzung zwischen der des Albits und der des Oligoklases oder des Orthoklases und der des Anorthits. Die Glasphase der römischen Puzzolanen besteht vornehmlich aus SiO_2, Al_2O_3, Fe_2O_3 und geringen Mengen CaO und MgO. Es wurden auch Puzzolanen gefunden, die vorwiegend aus SiO_2, Al_2O_3, Alkalien und geringen Mengen Fe_2O_3, CaO und MgO bestehen. Das SiO_2/Al_2O_3-Verhältnis wurde in allen Fällen mit ca. 2 : 1 festgestellt. In der aktiven Phase der römischen Puzzolanen wurden etwa 10 % Fe_2O_3 gefunden, während in den anderen Puzzolanen etwa 10 % Alkalien enthalten waren. Die Löslichkeit der aktiven Phase in konzentrierter Salzsäure nimmt mit fortschreitender Reaktion zwischen den Puzzolanen und dem freien Kalk zu. Dieses Verhalten wurde dadurch erklärt, daß lösliche silikatische und aluminatische Neubildungen entstehen.

Bei dem Umsatz zwischen Puzzolanen und Kalk bilden sich nach den heute gültigen Anschauungen Kalziumsilikat- und Kalziumaluminathydrate. Außerdem finden Austausch- und Adsorptionsreaktionen statt. Dabei greifen folgende chemische Komponenten in die genannten Reaktionen ein: SiO_2, Al_2O_3, Fe_2O_3, CaO, Na_2O, K_2O und H_2O, um die wichtigsten zu nennen.

Aus der Vielzahl der an den Reaktionen teilnehmenden Komponenten wird schon ersichtlich, daß es unmöglich ist, dieses System als Ganzes zu untersuchen. Man ist daher gezwungen, die Untersuchungen an Teilsystemen durchzuführen.

GALLO [54] und TAVASCI [129 und 130] konnten beim Umsatz zwischen Puzzolanen und Kalk mit Hilfe des Mikroskopes Kalziumaluminatneubildungen nachweisen. TAVASCI stellte fest, daß die optischen Eigenschaften der Aluminate mit denen des natürlich vorkommenden Minerales Okenit ($CaO \cdot 2SiO_2 \cdot 2H_2O$) vergleichbar sind.

Nach MAFFEI und BANCHI [131] finden Austauschreaktionen in der Weise statt, daß durch die Ca^{++}-Ionen der Kontaktlösung die Alkalien der Puzzolanen verdrängt werden. Bei der Untersuchung des Alkaliaustausches wurde festgestellt, daß das Alkali als Kalklösungsmittel wirkt.

2.81 Das System $CaO - SiO_2 - H_2O$

TAYLOR [132] untersuchte das System $CaO - SiO_2 - H_2O$. Er verwendete als Ausgangssubstanzen in der zitierten Arbeit Kieselgel und $Ca(OH)_2$. Die Abbildung 6 gibt das molare CaO/SiO_2-Verhältnis des Bodenkörpers in Abhängigkeit der gelösten Menge an freiem CaO wieder.

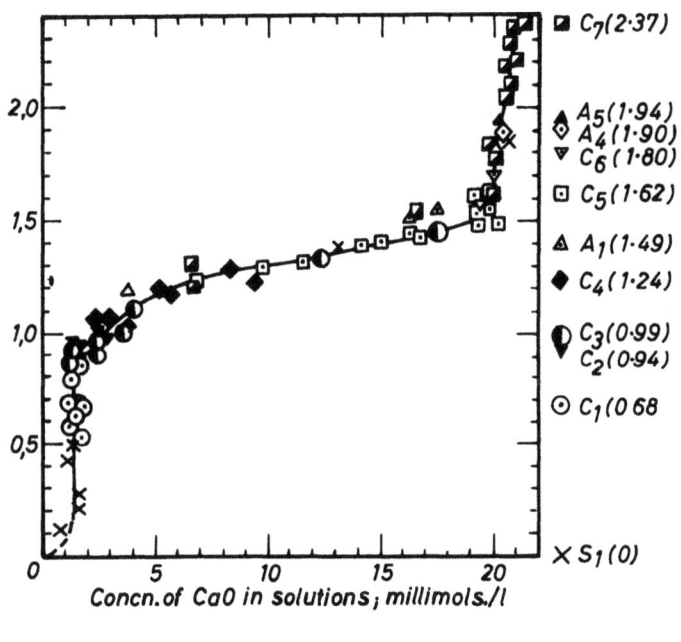

Abbildung 6

System $CaO - SiO_2 - H_2O$ nach TAYLOR

Invariante Punkte liegen bei 2.0 und 21.3 mMol CaO pro Liter. Dabei bildet sich bei dem ersten Invarianzpunkt ein Bodenkörper aus Ca-Silikathydrat und bei dem zweiten liegt kalkreicheres Ca-Silikathydrat neben $Ca(OH)_2$ vor, da hier die Sättigungskonzentration des Hydroxydes überschritten wird. Der zweite Anstieg der Kurve zwischen dem ersten und dem zweiten Invarianzpunkt ist durch die Kalkabsorption des Bodenkörpers zu erklären. Den gebildeten Ca-Silikathydraten kommt nach TAYLOR die Formel $Ca_{1-1.5} \cdot SiO_2 \cdot aq$ zu.

MALQUORI und CIRILLI [133] fanden, daß das Röntgenspektrum für ein CaO/SiO_2-Verhältnis von 1 bis 1.5 unverändert bleibt. Beim Arbeiten mit Na-Silikat und Ca-Nitrat als Ausgangssubstanzen wurden Ergebnisse erhalten, die von TAYLOR'S Ergebnissen abweichen. Dieses unterschiedliche Verhalten ist mit großer Wahrscheinlichkeit auf die Anwesenheit von Alkalien zurückzuführen.

Neuere Ergebnisse über die Hydratation der Kalziumsilikate C_3S und $\beta-C_2S$ und über den Einfluß von $CaCl_2$ und Gips auf den Hydratationsvorgang wurden von KURCZYK und SCHWIETE [134] veröffentlicht. Die Verfasser konnten anhand elektronenmikroskopischer Untersuchungen die Ähnlichkeit der Hydratationsprodukte von C_3S und $\beta-C_2S$ mit dem natürlich vorkommenden "Tobermorit" nachweisen. Elektronenbeugungsdiagramme zeigten, daß die Gitterkonstanten a_o und b_o des Tobermorites und der tobermoritähnlichen Phasen identisch sind. Unterschiede bestehen in der Größe der c_o-Periode und in dem CaO/SiO_2-Verhältnis.

Die c_o-Periode der tobermoritähnlichen Phasen liegt zwischen 27 und 28 Å. Für den vergleichbaren natürlichen Tobermorit beträgt dieser Wert 22.4 Å.

Das CaO/SiO_2-Verhältnis der tobermoritähnlichen Phasen liegt zwischen 1.8 und 1.9. An natürlichen Tobermoriten wurde ein C/S-Verhältnis von 0.8 gemessen.

Die Hydratationsprodukte des 1 Monat bei $30^o C$ hydratisierten $\beta-C_2S$ zeigt die Abbildung 7 in einer elektronenmikroskopischen Aufnahme.

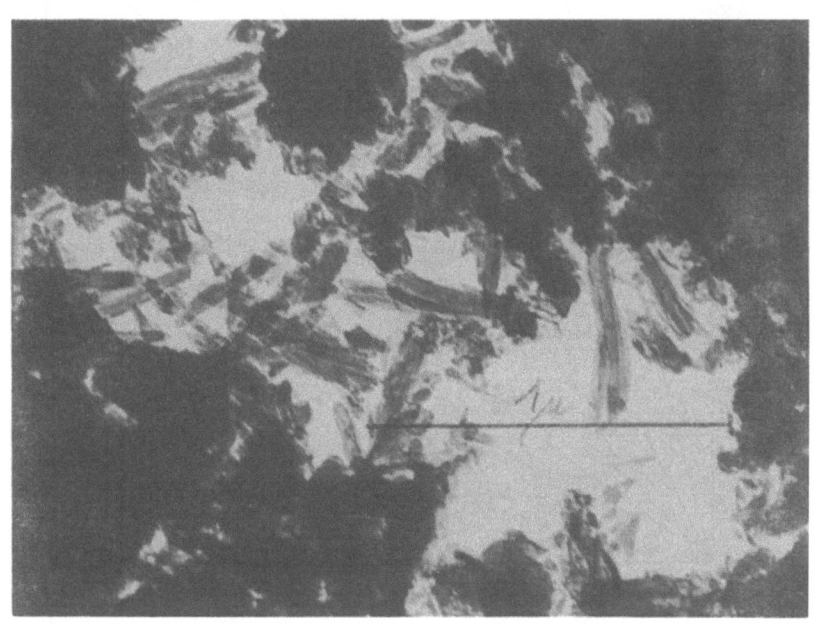

Abbildung 7

Elektronenmikroskopische Aufnahme von hydratisiertem ß-C_2S nach KURCZYK und SCHWIETE (mittlere Länge der Kalziumsilikathydrat-kristalle ca. 5000 Å).

Der Einfluß des Na_2O auf das System $CaO - SiO_2 - H_2O$ mit $Ca(OH)_2$ im Bodenkörper wurde von KALOUSEK [135] untersucht. Nach diesen Untersuchungen setzt sich die feste Phase bei Anwesenheit von 0.2 g Na_2O/l wie folgt zusammen:

$$0.003 \ Na_2O : 1.94 \ CaO : SiO_2 : 3.2 \ H_2O$$

Für 20 g Na_2O/l ergibt sich die Zusammensetzung der festen Phase zu:

$$0.25 \ Na_2O : 1 \ CaO : 1 \ SiO_2 : 2.8 \ H_2O$$

Diese Zusammensetzung der festen Phase bleibt auch bis zu einer Konzentration von 101 g Na_2O/l erhalten. Untersuchungen mit noch höheren Na_2O - Gehalten wurden nicht durchgeführt.

2.82 Das System $CaO - Al_2O_3 - H_2O$

Das System $CaO - Al_2O_3 - H_2O$ wurde von LEA und BESSEY [136] sowie WELLS und Mitarbeitern [137] untersucht. Die Abbildung 8 gibt das System wieder. Bei 21° C sind Hydrargillit, $C_3A \cdot 6$ aq (isometrisch) und $Ca(OH)_2$ stabile Phasen.

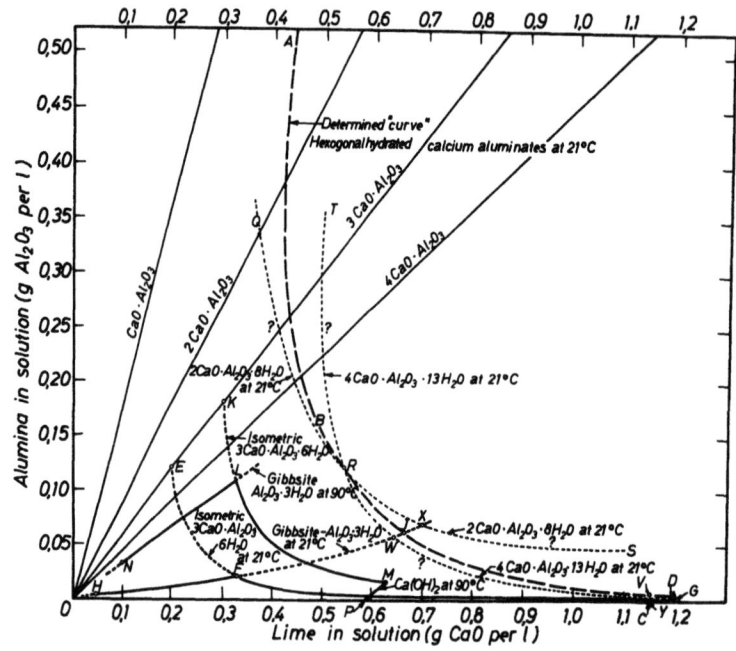

Abbildung 8

Das System CaO - Al_2O_3 - H_2O nach LEA und BESSEY bei 21° C.

Hydrargillit ist bis zu einer Kalkkonzentration von 0,33 g/l beständig. Darauf folgt ein invarianter Punkt, bei dem sich $C_3A \cdot 6$ aq bildet, das bis zum Gebiet der Kalksättigung stabil ist. Hier tritt ein zweiter Invarianzpunkt auf, bei dem $Ca(OH)_2$ ausgeschieden wird. Alle Phasen sind auch bei 90° C beständig.

Die Löslichkeit von Hydrargillit und C_3AH_6 nimmt mit steigender Temperatur zu. Der Invarianzpunkt zwischen diesen beiden Phasen liegt auch für 90° C bei 0.33 g CaO pro Liter. Wegen der mit steigender Temperatur abnehmenden Löslichkeit des Kalkes und der bei 90° C geringeren Kalksättigungskonzentration wird das Feld des C_3AH_6 verkleinert.

Bei normaler Temperatur kommen zu den stabilen Phasen noch viele metastabile hinzu. Solche auftretenden Phasen sind $C_2A \cdot$ aq, $C_3A \cdot$ aq und C_4AH_{13}.

Die Löslichkeitskurve der metastabilen Phase liegt über der der stabilen. Sie verläuft stetig. In dem Gebiet zwischen 2 bis 4 mMol CaO pro Liter wurden im Bodenkörper starke Interferenzen (10.6 und 8.2 Å) nachgewiesen, die dem C_2AH_8 und dem C_4AH_{13} zugeordnet wurden.

BUTTLER, GLASSER und TAYLOR [138] stellten genaue Untersuchungen an $4CaO \cdot Al_2O_3 \cdot 13H_2O$ (C_4AH_{13}) und dem natürlich vorkommenden Hydrocalumit an.

Röntgenographische Untersuchungen an Einkristallen und Untersuchungen mit dem Elektronenmikroskop zeigten, daß ein hexagonales Strukturelement der Gitterdimensionen a = 5.74 Å und c = 7.92 Å und des chemischen Aufbaues $Ca_2Al(OH)_7 \cdot 3H_2O$ in einer polymorphen Verbindung des C_4AH_{13} vorliegt. Hydrocalumit (C_4AH_{13} mit bis zu 2 % CO_2) leitet sich vom C_4AH_{13} ab, aus dem es durch Substitution von 2 OH^- und 3 H_2O gegen CO_3^{2-} in jedem achten Strukturelement gebildet werden kann. Ähnliche Substitutionen erklären nach Ansicht der Verfasser das Auftreten von Verbindungen des Types $3CaO \cdot Al_2O_3 \cdot CaX_2 \cdot xH_2O$ und $3CaO \cdot Al_2O_3 \cdot CaY \cdot xH_2O$.

Bei der Dehydratation des C_4AH_{13} fanden BUTTLER, GLASSER und TAYLOR zunächst ein Schwinden in Richtung der c-Achse. Bei 150 - 250 °C wurden $Ca(OH)_2$ und $4CaO \cdot 3Al_2O_3 \cdot 3H_2O$ gebildet, während bei 1000° C CaO und $C_{12}A_7$ auftraten.

Die Dehydratation des Hydrocalumites verläuft ähnlich, aber nicht unter Bildung der Zwischenphase $4CaO \cdot 3Al_2O_3 \cdot 3H_2O$.

Bei der Untersuchung römischer und anderer Puzzolanen, die 50 bis 70 % CaO binden konnten, fanden MALQUORI und CIRILLI [133] hexagonale Kristalle, denen in Übereinstimmung mit den Untersuchungen von GALLO [54] die Formel C_3AH_{10} zugeschrieben wurde. Die Untersuchungen erstreckten sich über einen Zeitraum von 8 Jahren, in dem die Puzzolane in einer gesättigten Kalklösung aufbewahrt wurden. Bei einem p_H von 11 und 11.5 wurden unter dem Mikroskop Trikalziumaluminathydrate mit 18 bis 21 Molekülen Wasser, wie sie von TRAVERS und SEHNOUTKA [139] beschrieben wurden, beobachtet.

2.83 Das System $CaO - Fe_2O_3 - H_2O$

Bei Untersuchungen im System $CaO - Fe_2O_3 - H_2O$ fand EIGER [140] beim Arbeiten mit Eisenoxydgel und $Ca(OH)_2$ ein kubisches Trikalziumferrithydrat. MAC INTIRE und SHAW [141] fanden bei ihren Arbeiten hexagonale Dikalziumferrite. MALQUORI und CIRILLI [142] entdeckten Mischkristallbildungen zwischen Trikalziumferrithydraten und Trikalziumaluminathydraten sowie hexagonalen Tetrakalziumferrithydraten und Tetrakalziumaluminathydraten.

IWAI und SCHWIETE [143] bearbeiten z.Z. das System $C_2F - C_6A_2F$ und im weiteren Verlauf das System $C_{2x}(A,F)_x - H_2O$. Bisher vorliegende Ergebnisse zeigen, daß die Hydratation des $C_{2x}(A,F)_x$ bei 25° C in kalkgesättigter Lösung zur Bildung von Hydrogranaten der allgemeinen Zusammensetzung $C_3(A,F)H_6$ führt. Die Untersuchungen werden noch weitergeführt. Insbesondere sollen Versuche mit gipshaltigen Lösungen durchgeführt werden.

2.84 Die komplexen Sulfathydrate

LERCH und Mitarbeiter [144] stellten ein Kalziumaluminatsulfathydrat der Zusammensetzung $3CaO \cdot Al_2O_3 \cdot CaSO_4 \cdot 12H_2O$ her. Beobachtet wurden noch weitere Kalziumsalze der allgemeinen Formeln:

$$3CaO \cdot Al_2O_3 \cdot 3CaX \cdot 30\text{-}32H_2O, \quad 3CaO \cdot Al_2O_3 \cdot CaX \cdot 10\text{-}12H_2O$$
$$3CaO \cdot Al_2O_3 \cdot 3CaY_2 \cdot 30\text{-}32H_2O, \quad 3CaO \cdot Al_2O_3 \cdot CaY_2 \cdot 10\text{-}12H_2O$$

Darin bedeuten X zweiwertige Radikale wie SO_4^{--}, CO_3^{--}, CrO_4^{--}, SeO_4^{--} und Y einwertige Säurereste wie Cl^-, Br^-, ClO_3^-, CH_3COO^- usw..

CIRILLI [145] beobachtete eine beschränkte Mischkristallbildung zwischen dem Trikalziumaluminatsulfathydrat (Ettringit, $C_3A \cdot 3CaSO_4 \cdot 32H_2O$) und dem Trikalziumferritsulfathydrat ($C_3F \cdot 3CaSO_4 \cdot 32H_2O$).

MALQUORI und SPADANO [146] untersuchten den Einfluß des Gipses auf das System Kalk-Puzzolanen-Wasser und stellten fest:
1. daß die Kalkbindung durch die Puzzolanen bei Anwesenheit einer gesättigten Gipslösung schneller vor sich geht,
2. daß umgekehrt Gips schneller bei Kalksättigung gebunden wird,
3. daß die genannten Reaktionen unter Volumenzunahme der Puzzolanen stattfinden.

2.85 Quaternäre Hydrate

Als erster hat sich REBUFFAT [147] mit der Reaktion zwischen gebranntem Kaolin (700 bis 800° C) und Kalk beschäftigt. Er machte eine Paste aus 30 g Kalk und 70 g gebranntem Kaolin mit Wasser an und lagerte sie einen Monat. Aus den bei dem anschließenden Salzsäureauszug gelösten Oxyden schloß er auf die Bildung eines quaternären Hydrates der Zusammensetzung $3CaO \cdot Al_2O_3 \cdot 2SiO_2 \cdot 10H_2O$. Er hatte also das Umsetzungsprodukt nicht identifiziert sondern hat nur durch Extrapolation auf seine Zusammensetzung geschlossen. STRÄTLING [127] konnte dann später nachweisen, daß bei dem Umsatz von gebranntem Kaolin mit Kalk ein quaternäres Hydrat der Zusammensetzung $C_2AS \cdot aq$ und ein ternäres Hydrat der Zusammensetzung $C_3S_2 \cdot aq$ entstehen.

Hydratationsversuche an reinem Gehlenit (C_2AS) mit dest. Wasser führten ELSNER von GRONOW und SCHWIETE [148] durch und beobachteten nach 3 Monaten unzersetzten Gehlenit neben amorphem Gel und kristallinen Neubildungen. Die Verfasser wiesen bereits darauf hin, daß die Hydratation in übersättigten Kalklösungen, wie sie bei angemachten Zementen vorliegen, wesentlich schneller vor sich gehen dürften. Wahrscheinlich hatten die Verfasser schon das Gehlenithydrat (C_2ASH_8) vorliegen.

Im System Kalk-Kieselsäure-Tonerde-Wasser können folgende quaternäre Hydrate bei 20° C als gesichert gelten:

$2CaO \cdot Al_2O_3 \cdot SiO_2 \cdot aq$ (STRÄTLING [127])
$4CaO \cdot Al_2O_3 \cdot SiO_2 \cdot 12H_2O$ (FLINT und WELLS [149])
$6CaO \cdot Al_2O_3 \cdot 3SiO_2 \cdot 31H_2O$ (FLINT und WELLS [149])

Bei hydrothermalen Bedingungen (200 bis 250° C und Reaktionszeiten von 4 bis 9 Tagen) erhielten FLINT, Mc MURDIE und WELLS [150] kubische Hydrate vom Granattypus der allgemeinen Zusammensetzung:

$$3CaO \cdot (Al, Fe)_2O_3 \cdot nSiO_2 \cdot (6-2n)H_2O \quad (n= 1 \text{ bis } 3)$$

Untersuchungen von DÖRR [151] im System $CaO - Al_2O_3 - SiO_2 - H_2O$ zeigten, daß sich die Hydrogranate auch bei normaler Temperatur bilden und daß diese vermutlich auch die stabilen quaternären Endprodukte solcher Reaktionen sind. Weitere Versuche zeigten, daß aus kalkübersättigten Lösungen (120 mg CaO/100 ml) Gehlenithydrat und die von FLINT und WELLS beobachtete Verbindung C_4ASH_{14} gebildet wird. Diese quaternäre Verbindung zeigt ein mit dem C_4AH_{13} nahezu übereinstimmendes Röntgendiagramm. Die mikroskopische Untersuchung ergab eine hexagonale Verbindung mit einem Brechungsindex von n = 1.54 (opt.1-ax. neg.). Vergleichsweise beträgt der Brechungsindex des Gehlenithydrates (C_2ASH_8) n = 1.503 (opt. 1-ax. neg.), während die Brechungsindices der hexagonalen α und ß-C_4AH_{13}-Verbindung zu n_ω= 1.535 - 1.539 bzw. 1.535 und n_ε = 1.52 bzw. 1.507 angegeben werden. Somit zeigt die neue quaternäre Verbindung C_4ASH_{14} auch hinsichtlich ihrer Brechungsindices deutliche Unterschiede gegenüber den hexagonalen Aluminathydraten.

DÖRR weist aber darauf hin, daß das C_4ASH_{13} nicht rein dargestellt werden konnte und daß es nicht gesichert ist, daß das Al_2O_3/SiO_2-Verhältnis 1 : 1 beträgt. Die Schreibweise der Verbindung wurde von FLINT und WELLS übernommen, konnte aber nicht eindeutig belegt werden.

Es ist möglich, daß auch MALQUORI und CIRILLI und GALLO bei den Untersuchungen römischer Puzzolane nicht das hexagonale C_3AH_{10} sondern eine quaternäre Verbindung vorliegen hatten.

Faßt man die Ergebnisse der in der Literatur bekannten und beschriebenen Hydratneubildungen zusammen, so ist in den Systemen Zement-Puzzolanen und Kalk-Puzzolanen-Wasser mit den folgenden Hydraten zu rechnen:

1. kubischen und hexagonalen Kalziumaluminat-bzw.-ferrithydraten bzw. den entsprechenden Mischkristallen,
2. Kalziumsilikathydraten vom Typus des natürlich vorkommenden Tobermorites
3. quaternären Hydraten (Kalziumaluminatsilikathydrate),
4. Kalziumaluminatsulfathydraten und
5. Kalziumhydroxyd.

3. Zusammenfassung

Das Studium der Veröffentlichungen in der Literatur zeigt, daß die Tuffe, Trasse und Puzzolanen durch ihre geologische Entstehung und durch die mineralogische, chemische und physikalische Zusammensetzung gekennzeichnet sind. Dabei bedarf die mineralogische Zusammensetzung noch einer Überprüfung mit Hilfe moderner Untersuchungsmethoden.

Über die Ursachen der hydraulischen Erhärtung der Trasse und über die Bedeutung des Hydratwassergehaltes liegt noch keine endgültige Klarheit vor, so daß auch diese Frage einer Überprüfung bedarf.

Der Einfluss des Trasses auf die Entwicklung der Festigkeiten war das Ziel vieler früherer Arbeiten, hierbei wurde die Möglichkeit, einen Teil des Zementes durch Traß zu ersetzen, untersucht. Obwohl der Traßzement vor Jahrzehnten genormt wurde, herrschen bis heute noch keine allgemein gültigen Vorstellungen über die Bedeutung des Trasses bei der hydraulischen Erhärtung vor.

Nach den vorliegenden Erfahrungen wird durch den Traß die Verarbeitbarkeit von Mörteln und Betonen und das Wasserrückhaltevermögen verbessert.

Durch das Kalkbindevermögen der Trasse wird die Beständigkeit von Mörteln und Betonen gegen angreifende Lösungen im Vergleich zu anderen Zementmörteln und -betonen erhöht. Für die Höhe der Kalkbindung durch den

Traß finden sich in der Literatur unterschiedliche Werte. Die Eignung des Traßzementes als Bindemittel für Massenbauwerke ist zusätzlich durch die geringere Hydratationswärme gegeben.

Die bei dem Umsatz von italienischen Puzzolanen mit Kalk in wässrigen Lösungen entstehenden Neubildungen waren das Ziel mehrerer italienischer Arbeiten. Entsprechende neuzeitliche Untersuchungen mit deutschen Trassen wurden bisher nicht durchgeführt.

Prof. Dr. habil Hans-Ernst Schwiete
Dipl.-Ing. Udo Ludwig

Literaturverzeichnis

[1] VITRUVIUS — De Architectura
lib. II Cap. 6 (ausg. F. Krohn bei Teubner, Leipzig)

[2] PLINIUS, C. und SEKUNDUS, — Naturalis Histora, lib. XXXV, cap. 46
(Ausg. D. Detlefsen, Berlin 1868)

[3] COLUMELLA — Rei Rusticae, lib. I, cap. 6
(ausg. V. Lundström, Upsala 1907)

[4] MICHAELIS, W. — Tonind.-Ztg., (1882) 412 und 1885) 24

[5] PENTA, F. — Annali di Chimica, 44 (1954) 572

[6] MIELENZ, R.C., L.P. WITTE und O.J. GLANTZ — Symposium on Use of Pozzolanic Materials in Mortars and Concretes, A.S.T.M. Spec. Publ. 99

[7] FICKE, B. — Petrologische Untersuchungen an tertiären basaltischen bis phonolithischen Vulkaniten der Rhön, Dissertation, Würzburg 1958

[8] VÖLZING, O. — Der Traß des Brohltales,
Jahrb. d. pr. Geol. L.A. Bd. 28, Berlin 1907

[9] BRAUNS, R. — Der Laacher Trachyt und seine Beziehungen zu anderen Gesteinen des Laacher-See-Gebietes, N. Jahrb. f. Min. BB 41 A, Stuttgart 1916

[10] SAUER, A. — Petrographische Studien an Lavabomben aus dem Ries,
Jahresb. Nat. Württ. 57, p. LXXXVIII

[11] OBERNDORFER, R. — Die vulk. Tuffe des Rieses bei Nördlingen, Jh. Ver. vaterl. Nat. in Württ. 61. Jahrg. (1905)

[12] NATHAN, H. — Geol. Unters. im Ries. Das Gebiet des Blattes Möttingen
Neues Jahrb. Beil. Bd. 53 (1925)

NATHAN, H. — N. Jb. f. Min., Geol. und Paläonthol., III. Hist. und Reg. Geol. (1929) 694

NATHAN, H. — Geol. Unters. im Ries. Das Gebiet des Blattes Edernheim,
Abh. d. geol. Landesuntersuchung am Bayer. Oberbergamt. H. 19 (1935)

[13] AHRENS, W. — Alte und junge Tektonik am Nördlinger Riesrand,
Zbl. Min., (1928) B Nr. 8

AHRENS, W. — Die Tuffe des Nördlinger Rieses und ihre Bedeutung für das Gesamtproblem, Z. deutsch. geol. Ges., 81 (1929)

[14] ANGEL, F. — Einige Pseudotachylytfunde in den österreich. Zentralalpen,
Verh. d. geol. Bundesanst. Wien 1931

[15] WURM, A. — Über tektonische Aufschmelzungsgesteine und ihre Bedeutung, Z. F. Vulk. XVI (1935)

[16] DEFFNER, C. und O. FRAAS — Begleitworte zur geognost. Spezialk. von Württ. Atl. Bl. Bopfingen und Ellenberg, 1877

[17] — Geologie von Österreich, 2. Aufl. Herausg. v. F.X. Schaffer, Verlag F. Deutike, Wien 1951

[18] ANGELBIUS in HOPPMANN, M., J. FRECHEN und G. KNETSCH — Die vulkanische Eifel, Georg Fischer Ver., Wittlich 1951

[19] SANDBERGER — siehe 18

[20] BEHLEN — siehe 18

[21] MORDZIOL, C. — Geol. Wanderungen durch das Diluvium und Tertiär der Umgebung von Koblenz (Neuwieder Becken) Westermann Verl. Braunschweig 1905

[22] AHRENS, W. — N. Jb. f. Min. Bl. Bd. 64 A (1931) 517

[23] STEINBERG — siehe 18

[24] FRECHEN, J. — siehe 18

[25] FRECHEN, J. und H. STRAKA — Die Nature., 37 (1950) 184

[26] WAGNER, G. — Einführung in die Erd- und Landschaftsgeschichte, 2. Aufl., Verl. der Hohenloe'schen Buchhandlung F. Rau, Öhringen 1950, 575

[27] ELBORG, A. — Geologie des Bauersberges bei Bischofsheim v.d. Rhön. Ein Beitrag zum Vulkanismus der Rhön. Diss. Freiburg / Br. (1957)

[28] WINKLER - HERMADEN, A. — Erl. geologisches Kartenblatt Gleichenberg, Geol. B.A. Wien 1927

[29] WINKLER - HERMADEN, A. — Jungtertiärer Vulkanismus, Ztschr. f. Vulkan, 1927

[30] TANNHÄUSER, F. — Ein Beitrag zur Petrographie des Trasses und zur Erklärung seiner hydraul. Wirkungsweise, Bautechnische Gesteinsuntersuchungen, 2 (1911) H. 1

[31] SCHUSTER, M. — Neues zum Problem des Rieses, Jahresb. u. Mitt. d. Oberrh. Geol. Ver. N.F., 15 Stuttgart (1926)

[32] TANNHÄUSER, F. — Der Hydratwassergehalt im Traß, Bautechnische Gesteinsuntersuchungen, (1911) H. 2

[33]	ACKERMANN	Geol. Jb., $\underline{75}$ (1958) S. 135
[34]	BRUHNS, W.	Verh. d. naturhist. Ver. der Preuß. Rheinlande, $\underline{48}$ (1891) 282
[35]	CHATONEY und RIVOT	Mitgeteilt von v. Dechen, Führer S. 393
[36]	HILT	siehe 35
[37]	KNOPP, A.	Jb. der Mineralogie (1859) 570
[38]	ELSNER, J.	J. Pr. Chemie $\underline{34}$ (1845) 440
[39]	ABICH	Vulkanische Erscheinungen (1841) 92
[40]	SCHOWALTER, J.	Chem. geol. Studien im vulk. Ries b. Nördlingen, Inaug.-Diss., Erlangen (1904)
[41]	LEA, F.M. und C. DESCH	Die Chemie des Zementes und Betons, Berlin (1937) 265
[42]	PHLEPS, O.	Der Siebenbürgische Traß, S. 2, Mitrasulfur Bukarest-Kronstadt
[43]	TETMAJER, L.	Schweizer Bauzeitung, (1886) H. 14-17
[44]	TANNHÄUSER, F.	Der Glühverlust des gelben, grauen und blauen Trasses, Bautechnische Gesteinsuntersuchungen 3 (1912) H.2
[45]	GUTACKER, W.	Der Steinbruch, $\underline{9}$ (1914) H.24
[46]	HAMBLOCH, A.	Armierter Beton, (1914) H. 9/10
[47]	HAMBLOCH, A.	Mikrogr. Darst. des Erhärtungsvorganges in Traßmörteln, Leipzig 1912
[48]	HART, H.	Tonind.-Ztg. $\underline{55}$ (1931) 65
[49]	LUNGE, G.	Baumaterialkunde, 10 (1905) 141
[50]	STEOPOE, A.	Tonind.-Ztg. $\underline{52}$ (1928) 1609
[51]	BIEHL, K. und W. WITTEKINDT	Tonind.-Ztg. $\underline{58}$ (1934) 499
[52]	WITTEKINDT, W.	Tonind.-Ztg. $\underline{59}$ (1935) 139
[53]	HAMBLOCH, A.	Der Traß, seine Entstehung, Gewinnung und Bedeutung im Dienste der Technik. Vortrag gehalten im Mittelrhein. Bezirksverein des V.D.I. in Koblenz am 2.2.1909
[54]	GALLO, G.	Gazz. chim. ital., $\underline{2}$ (1908) 38
[55]	SAUER, A.	Der Steinbruch, (1922) H.2
[56]	BRAUNS, R.	Steinbruch und Sandgrube, (1928) Nr. 19/21
[57]	GRAF, O.	Zement, $\underline{17}$ (1928) 432
[58]	RICHARZ, H.	Zement, $\underline{17}$ (1928) 1348, 1377, 1411, 1609, 1740

[59]	HAMBLOCH, A.	Armierter Beton, (1911) H.5
[60]	TETMAJER, L.	siehe 59
[61]	BURCHARTZ, H.	Die Eigenschaften von Traß und Traßmörtel. Mitt. aus d. Königl. Materialprüfungsamt zu Berlin-Lichterfelde, (1913) H.1
[62]	WOLFRAM	Traß und einige andere Baumaterialien der vulkanischen Eifel, Selbstverl. des Verfassers, 1885
[63]	SESTINI, Q.	La Chimica e l'Industria, $\underline{15}$ (1937) 66
[64]	VITTORI, C.	13. Congrés de Chim. Industrielle
[65]	STEOPOE, A.	Untersuchungen über chemische und technologische Eigenschaften der rumänischen Trasse Bukarest 1932, S. 24
[66]	STEOPOE, A. und M. TEODORU	Cercetari Chimice si Technico asupra Mortarelor Normale de Ciment si Trass. Bukarest 1932, S. 83
[67]	KÜHL, H.	Zement-Chemie, Bd. 2, Verl. Technik Berlin 1952
[68]	nicht genannt	Tonind.-Ztg. $\underline{37}$ (1913) 1856
[69]	GRAF, O.	Forschungsarbeiten auf dem Gebiet des Ingenieurwesens, (1922) H. 261
[70]	BURCHARTZ, H.	Zement, $\underline{12}$ (1923)
[71]	BACH, H.	Tonind.-Ztg., 48 (1924) 739
[72]	MEUSER, R.	Zement, $\underline{17}$ (1928) 1540
[73]	RICHARTZ, H.	Zement, $\underline{17}$ (1928) 1609
[74]	MEUSER, R.	Zement, $\underline{17}$ (1928) 1740
[75]	RICHARTZ, H.	Zement, $\underline{19}$ (1930) 120
[76]	BATES, A.	A.S.T.M. Vol. $\underline{33}$ (1933) 466
[77]	KRONSBEIN, W.	Zement, $\underline{30}$ (1941) 339
[78]	STEOPOE, A.	Materiale de Constructi, $\underline{2}$ (1942) 49
[79]	FRITSCH, J.	Zeitschr. d. Österr. Ingen. u. Architekten Vereins 97 (1952) 46
[80]	JABUREK, F.	Österr. Bauzeitschrift, $\underline{5}$ (1950) 44
[81]	SPALOVSKY	Z-K-G. $\underline{4}$ (1951) 58
[82]	KEIL, F.	Zement, $\underline{33}$ (1944) 90
[83]	HAEGERMANN, G.	Zement, $\underline{33}$ (1944) 93
[84]	FÄHNDRICH, K.	Österr. Bauzeitschrift, $\underline{7}$ (1952) 5
[85]	CERESETO, A. und A. RIO	Chemie und Industrie, $\underline{69}$ (1953) 1043
[86]	DAVIS, R.E.	Referat, in Z-K-G., $\underline{3}$ (1950) 134
[87]	nicht bekannt	Tonind.-Ztg., $\underline{12}$ (1888) 607
[88]	LEDUC.	Tonind.-Ztg., $\underline{29}$ (1905) 595

[89] BACH, H. — Mitteilungen über die Herstellung von Betonkörpern mit verschiedenem Wasserzusatz, sowie über die Druckelastizität und Druckfestigkeiten derselben. Stuttgart, 1903, 1906, 1909

[90] GEHLER — Erläuterungen mit Beispielen zu den Eisenbetonbestimmungen. 3. Aufl., Berlin 1926, S. 33

[91] KRISTEN, Th. und W. PIEPENBURG — Z-K-G-, $\underline{2}$ (1949) 103

[92] ALEXANDER, K. — Austr. J. appl. Science, 5 (1954) 63

[93] ABRAMS — Design of Concrete Mixtures, Bull. 1, Lewis Inst. 4. Aufl. Chicago 1921

[94] GRAF — Die Eigenschaften des Betons, Springer-Verl. 1950, S. 107

[95] HUMMEL, A. — Das Beton ABC, 11. Auflage, Berlin 1951

[96] WUERPEL, Ch. — Mauerwerksmörtel, Zementsymposium, London 1952, S. 633

[97] LUDWIG, U. und H.E. SCHWIETE — Veröffentlichung in Vorbereitung

[98] LOSINGER, R. — Die Messung der Verarbeitbarkeit von Frischbeton, Promotionsarbeit, Verl. Rösch, Vogt & Co, Bern 1956

[99] KREMSER, H. — Bau und Bauindustrie, $\underline{13}$ (1960) 38

[100] HUMMEL, A. und E. DICKERSBACH-BARONETZKY — Beton und Stahlbeton, $\underline{50}$ (1955) 233

[101] PLATZMANN — Bautenschutz, (1923) 44

[102] DURIEZ — Action de l'eau de mer et des eau aggressives sur les chaux et ciments, Travaux (1953) 196

[103] JONES, F.E. — Proc. Symp. Chem. cem., Stockholm (1938) 231

[104] JONES, F.E. — Trans. Farad. Soc., $\underline{35}$ (1939) 1484

[105] JONES, F.E. — J. Physic. Chem., $\underline{49}$ (1945) 344

[106] D'ANS, J. und H. EICK — Z-K-G., $\underline{6}$ (1953) 302

[107] D'ANS, J. und H. EICK — Z-K-G., $\underline{7}$ (1954) 449

[108] TAVASCI, B. — La Cimica e l'Industria (1955)

[109] BLANKS, R.F. — J. of the am. Concr. Inst., 21 (1949) 89

[110] PINTOR, M. — Z-K-G. $\underline{3}$ (1950) 61

[111] BREZKY, A. — Zement, $\underline{32}$ (1943) 167

[112] OSTENDORF, K. — Die Bautechnik, 27 (1950) 89

[113] WALZ, K. — Deutscher Ausschuß für Stahlbeton, (1951) H. 104

[114] KREMSER, H. — Tonind.-Ztg. 83 (1959) 330

[115] MÖHLE — Bau und Bauindustrie 12 (1959) 330

[116] SANTARELLI — Chim.e Ind. (Milano) 24 (1942) 323

[117] TSCHECH, E. und F. JABUREK — Österr. Bauzeitschrift, 5 (1950) 92

[118] BLANKS, R.F. — Referat: Z-K-G., 3 (1950) 57

[119] BLANKS, R.F. — J. am Concr. Inst., 21 (1950) 701

[120] RODT, V. — Zement, 23 (1934) 429

[121] EMLEY — Trans. American. Ceram. Soc., (1915) 720

[122] RATHKE, H. — Tonind.-Ztg. 52 (1928) 1318

[123] RODT, V. — Zement, 24 (1935) 94

[124] SCHLÄPFER und BUKOWSKI — Ber. d. eidg. Materialprüfanstalt, Zürich, Nr. 63 (1933)

[125] KONARZEWSKI, J. und W. LUKASZEWICZ — Zement, 21 (1932) 533

[126] MALQUORI, G. — Alcuni considerazioni sui cementi pozzolanici e sulla chimica ad essi relativa, Annali di Chimica, 44 (1954) 643

[127] STRÄTLING, W. — Die Reaktionen zwischen gebranntem Kaolin und Kalk in wässriger Lösung, Dissertation Braunschweig 1937, Zementverl. GmbH. Berlin - Charlottenburg 2, 1938

[128] PARRAVANO, N. und V. CAGLIOTTI — Ricerca sci., 8 I (1937) 271

[129] TAVASCI, B. — Cemento, 44 (1947) 106

[130] TAVASCI, B. — Cemento, 45 (1948) 3

[131] MAFFEI, A. und G. BANCHI — Questi Annali, 22 (1932) 93

[132] TAYLOR, H.F.W. — J. chem. soc., (1950) 3682

[133] MALQUORI, G. und V. CIRILLI — Ricerca sci., I (1943) 85

[134] KURCZYK, H.G. und H.E. SCHWIETE — Zementsymposium, Washington 1960, demnächst

[135] KALOUSEK, G.L. — J. Res. Nat. Bur. Stand. 32 (1944) 285

[136] LEA, F.M. und G.E. BESSEY — Cfr. 18, S. 178

[137] WELLS, L.S., W.F. CLARKE und H.F. MC MURDIE   J.Res. Nat. Bur. Stand., 30 (1943) 367

[138] BUTTLER, F.G., L.S. GLASSER und H.F.W. TAYLOR   American Ceram. Soc. J. 42 (1959) 121

[139] TRAVERS, A. und J. SEHNOUTKA   Ann. chim., 13 (1930) 253

[140] EIGER, A.   Rev. Matériaux Construction, (1937) 141

[141] MAC INTIRE, W.H. und W.M. Shaw   Soil Sci., 19 (1925) 125

[142] MALQUORI, G. und V. CIRILLI   Ricerca sci., 14 (1943) 78

[143] IWAI, T. und H.E. SCHWIETE   G.H.I. Aachen, unveröffentlicht

[144] LERCH, W., F.W. ASHTON und R.H. BOGUE   J Res. Nat. Bur. Standards, 2 (1929) 715

[145] CIRILLI, V.   Ricerca sci, 14 (1943) 27

[146] MALQUORI, G. und A. SPADANO   Ricerca sci. 7 (1936) 185

[147] REBUFFAT, O.   Gazz. Chim. Ital. 30 (1900) 182

[148] ELSNER v. GRONOW H., und H.E. SCHWIETE   Z. f. anorg. allg. Chemie, 216 (1933) 185

[149] FLINT, E.P. und L.S. WELLS   Bur. Stand. J. Res., 33 (1944) 471

[150] FLINT, E.P., H.F. MC MURDIE und L.S. WELLS   Bur. Stand. J. Res., 26 (1941) 13

[151] DÖRR, F.H.   Dissertation, Mainz 1956

FORSCHUNGSBERICHTE DES LANDES NORDRHEIN-WESTFALEN

Herausgegeben durch das Kultusministerium

BAU · STEINE · ERDEN

HEFT 36
Forschungsinstitut der Feuerfest-Industrie, Bonn
Untersuchungen über die Trocknung von Rohton, Untersuchungen über die chemische Reinigung von Silika- und Schamotte-Rohstoffen mit chlorhaltigen Gasen
1953, 60 Seiten, 5 Abb., 5 Tabellen, DM 11,—

HEFT 37
Forschungsinstitut der Feuerfest-Industrie, Bonn
Untersuchungen über den Einfluß der Probenvorbereitung auf die Kaltdruckfestigkeit feuerfester Steine
1953, 40 Seiten, 2 Abb., 5 Tabellen, DM 7,80

HEFT 59
Forschungsinstitut der Feuerfest-Industrie e. V., Bonn
Ein Schnellanalysenverfahren zur Bestimmung von Aluminiumoxyd, Eisenoxyd und Titanoxyd in feuerfestem Material mittels organischer Farbreagenzien auf photometrischem Wege
Untersuchungen des Alkali-Gehaltes feuerfester Stoffe mit dem Flammenphotometer nach Riehm-Lange
1954, 52 Seiten, 12 Abb., 3 Tabellen, DM 11,60

HEFT 76
Max-Planck-Institut für Arbeitsphysiologie, Dortmund
Arbeitstechnische und arbeitsphysiologische Rationalisierung von Mauersteinen
1954, 52 Seiten, 12 Abb., 3 Tabellen, DM 10,20

HEFT 81
Prüf- und Forschungsinstitut für Ziegeleierzeugnisse, Essen-Kray
Die Einführung des großformatigen Einheits-Gitterziegels im Lande Nordrhein-Westfalen
1954, 54 Seiten, 2 Abb., 2 Tabellen, DM 10,—

HEFT 90
Forschungsinstitut der Feuerfest-Industrie, Bonn
Das Verhalten von Silikasteinen im Siemens-Martin-Ofengewölbe
1954, 62 Seiten, 15 Abb., 11 Tabellen, DM 11,90

HEFT 91
Forschungsinstitut der Feuerfest-Industrie, Bonn
Untersuchungen des Zusammenhangs zwischen Leistung und Kohlenverbrauch von Kammeröfen zum Brennen von feuerfestem Materialien
1954, 42 Seiten, 6 Abb., DM 8,30

HEFT 106
ORR. Dr.-Ing. W. Küch, Dortmund
Untersuchungen über die Einwirkung von feuchtigkeitsgesättigter Luft auf die Festigkeit von Leimverbindungen
1954, 60 Seiten, 10 Abb., 6 Tabellen, DM 11,40

HEFT 111
Fachverband Steinzeugindustrie, Köln
Die Entwicklung eines Gerätes zur Beschickung seitlicher Feuer von Steinzeug-Einzelkammeröfen mit festen Brennstoffen
1955, 46 Seiten, 16 Abb., DM 9,40

HEFT 127
Güteschutz Betonstein e. V., Arbeitskreis Nordrhein-Westfalen, Dortmund
Die Betonwaren-Gütesicherung im Lande Nordrhein-Westfalen
1955, 58 Seiten, 15 Abb., 3 Tabellen, DM 11,50

HEFT 142
Dipl.-Ing. G. M. F. Wiebel, Hannover, A. Konermann und A. Ottenheym, Sennelager
Entwicklung eines Kalksandleichtsteines
1955, 38 Seiten, 4 Abb., DM 8,—

HEFT 149
Dr.-Ing. K. Konopicky und Dipl.-Chem. P. Kampa, Bonn
I. Beitrag zur flammenphotometrischen Bestimmung des Calciums
Dr.-Ing. K. Konopicky, Bonn
II. Die Wanderung von Schlackenbestandteilen in feuerfesten Baustoffen
1955, 54 Seiten, 10 Abb., 5 Tabellen, DM 11,—

HEFT 180
Dr.-Ing. W. Piepenburg, Dipl.-Ing. B. Bühling und Bauing. J. Behnke, Köln
Putzarbeiten im Hochbau und Versuche mit aktiviertem Mörtel und mechanischem Mörtelauftrag
1955, 116 Seiten, 31 Abb., 68 Tabellen, DM 23,—

HEFT 213
Dipl.-Ing. K. F. Rittinghaus, Aachen
Zusammenstellung eines Meßwagens für Bau- und Raumakustik
1957, 96 Seiten, 17 Abb., 7 Tabellen, DM 19,80

HEFT 223
Dr.-Ing. K. Alberti und Dozent Dr. phil. habil. F. Schwarz, Köln
Über das Problem Hartbrand-Weichbrand
1956, 54 Seiten, 25 Abb., 14 Tabellen, DM 12,10

HEFT 231
ORR. Dr.-Ing. W. Küch, Dortmund
Über die Wechselwirkung zwischen Holzschutzbehandlung und Verleimung
1956, 48 Seiten, 10 Abb., 8 Tabellen, DM 10,40

HEFT 250
Dozent Dr. phil. habil. F. Schwarz und Dr.-Ing. K. Alberti, Köln
Entwicklung von Untersuchungsverfahren zur Gütebeurteilung von Industriekalken
1956, 36 Seiten, 9 Abb., 4 Tabellen, DM 16,50

HEFT 266
Fliesen-Beratungsstelle Bad Godesberg-Mehlem
Güteeigenschaften keramischer Wand- und Bodenfliesen und deren Prüfmethoden
1956, 32 Seiten, DM 7,10

HEFT 319
Prof. Dr. C. Kröger, Aachen
Gemengereaktionen und Glasschmelze
1957, 118 Seiten, 53 Abb., 16 Tabellen, DM 26,—

HEFT 370
Dr. phil. habil. F. Schwarz, Köln
Physikochemische Grundlagen der Bildsamkeit von Kalken unter Einbeziehung des Begriffes der aktiven Oberfläche
1958, 90 Seiten, 14 Abb., 16 Tabellen, 36 Titrationen DM 25,10

HEFT 398
Prof. Dr. habil. H. E. Schwiete und Dipl.-Ing. G. Geisdorf, Aachen,
Einlagerungsversuche an synthetischem Mullit I
Prof. Dr. phil. habil. H. E. Schwiete, A. K. Bose und Dr. phil. H. Müller-Hesse, Aachen
Die Zusammensetzung der Schmelzphase in Schamottesteinen I
1957, 58 Seiten, 17 Abb., 17 Tab., DM 14,50

HEFT 399
Prof. Dr. habil. H. E. Schwiete und Dr.-Ing. R. Vinkeloe, Aachen
Möglichkeiten der quantitativen Mineralanalyse mit dem Zählrohrgerät unter besonderer Berücksichtigung der Mineralgehaltsbestimmung von Tonen
1958, 102 Seiten, 34 Abb., 1 Tabelle, DM 26,70

HEFT 402
Prof. Dr. habil. W. Linke, Aachen
Die Wärmeübertragung durch Thermopane-Fenster
1958, 30 Seiten, 17 Abb., 2 Tabellen, DM 10,80

HEFT 430
Prof. Dr. G. Garbotz, Aachen und Dr.-Ing. G. Dress, Cadiz
Untersuchungen über das Kräftespiel an Flachbagger-Schneidwerkzeugen in Mittelsand und schwach bindigem, sandigem Schluff unter besonderer Berücksichtigung der Planierschilde und ebenen Schürfkübelschneiden
1958, 142 Seiten, 81 Abb., DM 37,50

HEFT 453
Forschungsinstitut der Feuerfest-Industrie, Bonn
Die Arbeiten der technisch-wissenschaftlichen Kommission der PRE (Vereinigung der europäischen Feuerfest-Industrie)
1957, 62 Seiten, 9 Abb., 18 Tabellen, DM 14,75

HEFT 454
Dr.-Ing. W. Piepenburg, Dipl.-Ing. B. Bühling und Bauing. J. Behnke, Köln
Haftfestigkeit der Putzmörtel
1958, 130 Seiten, 6 Abb., 63 Tabellen, DM 28,30

HEFT 482
Dipl.-Ing. R. Pels-Leusden und Dr. K. Bergmann, Essen
Die Frostbeständigkeit von Ziegeln; Einflüsse der Materialzusammensetzung und des Brandes
1958, 70 Seiten, 31 Abb 5 Tabellen, DM 20,45

HEFT 484
Prof. Dr. phil. habil. H. E. Schwiete und Dr. G. Franzen, Aachen
Beitrag zur Struktur des Montmorillonit
1958, 76 Seiten, 23 Abb., DM 22,—

HEFT 488
Prof. Dr. phil. habil. H. E. Schwiete, Aachen und Dipl.-Chem. H. Westmark, Recklinghausen
Beitrag zur Kennzeichnung der Texturen von Schamottesteinen
1958, 48 Seiten, 34 Abb., 7 Tabellen, DM 16,80

HEFT 528
Dipl.-Chem. Dr. P. Ney, Köln
Physikochemische Grundlagen der Bildsamkeit von Kalken unter Einbeziehung des Begriffs der aktiven Oberfläche
Dr. F. Schwarz, Köln
Kristallchemische Betrachtung der Bildsamkeit
1958, 96 Seiten, 34 Abb., 6 Tabellen, DM 26,75

HEFT 543
Prof. Dr. phil. habil. H. E. Schwiete, Dr. phil. H. Müller-Hesse und Dipl.-Ing. G. Geisdorf, Aachen
Einlagerungsversuche an synthetischem Mullit, Teil II
1958, 28 Seiten, 5 Abb., 10 Tabellen, DM 10,—

HEFT 544
Prof. Dr. phil. habil. H. E. Schwiete, Dr.-Ing. A. K. Bose und Dr. phil. H. Müller-Hesse, Aachen
Die Schmelzphase in Schamottesteinen. Teil II
1958, 30 Seiten, 9 Abb., 12 Tab., DM 11,—

HEFT 545
Prof. Dr. phil. habil. H. E. Schwiete, Dr. rer. nat. G. Ziegler und Dipl.-Ing. Ch. Kliesch, Aachen
Thermochemische Untersuchungen über die Dehydration des Montmorillonits
1958, 48 Seiten, 16 Abb., 4 Tabellen, DM 15,40

HEFT 553
Prof. Dr. rer. pol. G. Garbotz und Dipl.-Ing. J. Theiner, Aachen
Untersuchungen der Walzverdichtungsvorgänge auf Lößlehm, Kies und Schotter
1959, 286 Seiten, 208 Abb., DM 58,—

HEFT 559
Prof. Dr. phil. habil. H. E. Schwiete und Dipl.-Chem. R. Gauglitz, Aachen
Die Verflüssigung von Montmorillonitschlämmen
1958, 66 Seiten, 15 Abb., 5 Tabellen, DM 19,30

HEFT 634
Institut für Ziegelforschung Essen e. V., Essen-Kray
Verminderung der Streuungen, der Festigkeit und der Sprödigkeit von Ziegeln
1958, 94 Seiten, 36 Abb., 18 Tabellen, DM 24,30

HEFT 643
Max-Planck-Institut für Silikatforschung, Würzburg
Spannungsmessungen an Schleifkörpern
1958, 38 Seiten, 22 Abb., DM 11,70

HEFT 651
Dr.-Ing. A. Eisenberg, Dortmund
Versuche zur Körperschalldämmung in Gebäuden
1958, 26 Seiten, 20 Abb., DM 8,10

HEFT 688
Prof. Dr. H.-E. Schwiete und Dipl.-Ing. A. Schüffler, Aachen
Entwicklung einer elektrisch beheizten Apparatur zur Messung von Wärmeleitfähigkeiten feuerfester Materialien bei hohen Temperaturen
1959, 42 Seiten, 16 Abb., DM 11,60

HEFT 689
Prof. Dr. H.-E. Schwiete und Dipl.-Chem. H. Westmark, Aachen
Die Wärmeleitfähigkeit feuerfester Steine im Spiegel der Literatur
1959, 54 Seiten, 35 Abb., DM 16,30

HEFT 695
Dr.-Ing. W. Herding, München
Die Fahrdynamik und das Arbeitsspiel gleisloser Erdbaugeräte als Kalkulationsgrundlage für die Bodenförderung und ihre Kosten
1960, 178 Seiten, 89 Abb., 18 Tabellen, DM 49,—

HEFT 711
Dr.-Ing. K. Alberti, Köln
Einfluß der chemischen Zusammensetzung des Anmachewassers auf die Festigkeit von Kalkmörteln
1959, 50 Seiten, 4 Abb., 20 Tabellen, DM 13,10

HEFT 713
Dr.-Ing. E. Menzenbach, Aachen
Die Anwendbarkeit von Sonden zur Prüfung der Festigkeitseigenschaften des Baugrundes
1959, 216 Seiten, 190 Abb., 24 Tabellen, DM 52,—

HEFT 734
Dipl.-Ing. H. Adam, Hannover
Arbeitstechnische und arbeitsphysiologische Untersuchungen zur Erleichterung der Maurerarbeit
1959, 56 Seiten, 15 Abb., mehr. Tab., DM 15,60

HEFT 843
Dipl.-Chem. W. Schmidt, Dipl.-Chem. E. Köhler und Dipl.-Ing. W. Schmidt, Bonn
Flammenspektrometrische Alkalibestimmung im Korund
1960, 13 Seiten, 2 Abb., 1 Tabelle, DM 5,50

HEFT 844
Prof. Dr.-Ing. O. Kienzle und Dipl.-Ing. K. Greiner, Hannover
Festigkeitsuntersuchungen an Klebverbindungen zwischen Schleif- und Tragkörpern
1960, 126 Seiten, 47 Abb., 19 Schaubilder, DM 35,—

HEFT 903
Prof. Dr.-Ing. B. Renfert, Baurat Dipl.-Ing. K. Heisig und Dipl.-Ing. J. Thelen, Aachen
Untersuchungen über Bodenverfestigung des Untergrunds zur Feststellung der technischen und wirtschaftlichen Auswirkungen auf den Unterbau bzw. auf die Straßenbetonfahrbahnplatten, sowie Untersuchung flexibler Deckenkonstruktionen auf verschiedenen Unterbauarten
In Vorbereitung

Ein Gesamtverzeichnis der Forschungsberichte, die folgende Gebiete umfassen, kann bei Bedarf vom Verlag angefordert werden:
Acetylen / Schweißtechnik – Arbeitspsychologie und -wissenschaft – Bau / Steine / Erden – Bergbau – Biologie – Chemie – Eisenverarbeitende Industrie – Elektrotechnik / Optik – Fahrzeugbau / Gasmotoren – Farbe / Papier / Photographie – Fertigung – Gaswirtschaft / Hüttenwesen / Werkstoffkunde – Luftfahrt / Flugwissenschaften – Maschinenbau – Medizin / Pharmakologie / Physiologie – NE-Metalle – Physik – Schall / Ultraschall – Schiffahrt – Textiltechnik / Faserforschung / Wäschereiforschung – Turbinen – Verkehr – Wirtschaftswissenschaften.

If you have any concerns about our products,
you can contact us on
ProductSafety@springernature.com

In case Publisher is established outside the EU,
the EU authorized representative is:
Springer Nature Customer Service Center GmbH
Europaplatz 3, 69115 Heidelberg, Germany

Printed by Libri Plureos GmbH
in Hamburg, Germany